工程建设项目
全过程造价控制研究

陈 雨　陈世辉　著

北京理工大学出版社

BEIJING INSTITUTE OF TECHNOLOGY PRESS

图书在版编目（CIP）数据

工程建设项目全过程造价控制研究／陈雨，陈世辉著. —北京：北京理
工大学出版社，2018.12

ISBN 978－7－5682－6565－2

Ⅰ．①工…　Ⅱ．①陈…　②陈…　Ⅲ．①建筑工程－工程造价－研究
Ⅳ．①TU723.3

中国版本图书馆 CIP 数据核字（2018）第 296562 号

出版发行／北京理工大学出版社有限责任公司

社　　　址／北京市海淀区中关村南大街 5 号

邮　　　编／100081

电　　　话／(010)68914775(总编室)
　　　　　　　(010)82562903(教材售后服务热线)
　　　　　　　(010)68948351(其他图书服务热线)

网　　　址／http://www.bitpress.com.cn

经　　　销／全国各地新华书店

印　　　刷／北京虎彩文化传播有限公司

开　　　本／787 毫米×1092 毫米　1/16

印　　　张／11.75　　　　　　　　　　　　责任编辑／张慧峰

字　　　数／211 千字　　　　　　　　　　　文案编辑／张慧峰

版　　　次／2018 年 12 月第 1 版　2018 年 12 月第 1 次印刷　　责任校对／周瑞红

定　　　价／60.00 元　　　　　　　　　　　责任印制／李志强

前　言

　　随着人类社会经济的发展和物质文化生活水平的提高，人们一方面对工程项目的功能和质量要求越来越高，另一方面又期望工程项目建设投资尽可能少、效益尽可能好。随着经济体制改革和经济全球化进程的加快，现代工程项目建设呈现出投资主体多元化、投资决策分权化、工程发包方式多样化、工程建设承包市场国际化以及项目管理复杂化的发展态势。而工程项目所有参建方的根本目的都是追求自身利益的最大化。因此，工程建设领域对具有合理的知识结构、较高的业务素质和较强的实作技能，胜任工程建设全过程造价管理的专业人才需求越来越大。

　　工程造价控制是一门以建筑工程(工程项目)为研究对象，以工程技术、经济、管理为手段，以效益为目标，技术、经济、管理相结合的、新兴的边缘学科。工程造价控制是以建设项目全过程工程造价管理为主线，对建设前期、工程设计、工程实施、工程竣工各个阶段的工程造价实行层层控制，是工程造价全过程管理的主要表现形式和核心内容，也是提高项目投资效益的关键所在。不管是对于大型建设工程还是对于中小型的维修改造工程，工程造价一直被认为是影响投资效果的重要因素。

　　本书的内容按照基本建设程序设置，以工程造价控制原理为基础，阐述了建设工程决策阶段、设计阶段、招投标阶段、施工阶段和竣工验收阶段的工程造价控制技术与方法。建设项目决策阶段造价控制通过投资估算，确定建设项目的预期投资额，进行投资方案比选和项目财务评价。建设项目设计阶段造价控制是建设工程造价控制的重点，主要通过综合评价法、静态评价法、动态评价法、价值工程进行设计方案的比选和优化，审查设计概算和施工图预算。建设项目招投标阶段造价控制通过招投标方式控制投标价和中标。建设项目施工阶段造价控制通过工程变更、索赔、投资偏差分析等进行。建设项目竣工阶段造价控制编制竣工工程价款结算和竣工决算报表，确定新增资产价值。

　　全书内容丰富、结构严谨，叙述深入浅出，语言通俗易懂，方便读者理解和掌握。在内容选取上，以"理论够用、注重实践"为原则，不仅编入了从事造价管理工作所必须掌握的基础知识及原理，还注重建设工程造价控制的应用操作程序,提供了大量的参考表格格式和一些实际案例,具有较强的实用性。另外,本书在撰写过程中参照了工程造价领域最新颁布的法规和相关政策,尤其是工程造价行业的新法规、新规范和新经验。

全书共 7 章。第 1 章为引言,第 2 章介绍工程建设项目造价的构成及确定的依据,第 3 章介绍工程建设项目决策阶段造价控制,第 4 章介绍工程建设项目设计阶段造价控制,第 5 章介绍工程建设项目招投标阶段造价控制,第 6 章介绍工程建设项目施工阶段造价控制,第 7 章介绍工程建设项目竣工阶段造价控制。

作者在多年研究的基础上,广泛吸收了国内外学者在工程建设项目造价控制方面的研究成果,在此向相关内容的原作者表示诚挚的敬意和谢意。

由于作者水平有限,加之时间仓促,错误和遗漏在所难免,恳请读者批评指正。

作　者
2018 年 8 月

目 录

第1章 引　言

　　工程造价指的是建设项目的建设成本，也就是完成一个建设项目需要的全部费用。对工程造价实施控制，是将建设项目作为研究对象，从决策阶段、设计阶段、招投标阶段、施工阶段、竣工阶段等方面分别进行控制，是进行工程造价全过程管理的重要形式和内容，对项目的经济效益有着至关重要的作用。工程造价控制是随着现代管理科学的发展而发展起来的一门学科，它与财务管理、建筑工程项目管理、建设工程招标投标、合同管理、建设工程预算、工程量清单计价等学科都有密切的联系。

1.1　工程造价的基本概念

　　工程造价通常是指按照确定的建设内容、建设规模、建设标准、功能要求和使用要求等将工程项目全部建成，在建设期预计或实际支出的费用。

1.1.1　第一种含义

　　工程造价的第一种含义指的是，为了完成一个建设项目计划支出或实际支出的全部投资金额。通常来说分为设备及工器具的购置费用、建筑安装工程费用、工程建设其他费用、预备费以及建设期贷款利息等。

1.1.2　第二种含义

　　工程造价的第二种含义指的是建设项目的价格，具体来说，是为了完成一个建设项目，通过招投标的方式计划或实际产生的建筑安装工程费用。
　　以上两种工程造价的含义既有相同之处又有不同之处，其不同之处体现在如下几点：
　　其一，两种含义所要求的合理性是不同的。工程投资是否合理并不受投资金额高低的影响，而是与项目决策是否正确、建设标准是否适用及设计方案是否最优等因素有关;工程的价格是否合理主要取决于是否反映了价值、是否遵循了价格形成机制、是否满足了合理的利税率。

其二,两种含义具有不同的机制。工程投资金额是由决策、设计、设备材料的选购、工程施工以及设备安装等产生的总费用;工程价格是在价值的基础上,在价值规律、供求规律等的指导下形成的。

其三,两者之间存在的弊端不同。工程投资弊端主要是投资者决策出现问题、建造出现重样、建造的方案脱离实际等;而工程价格存在的弊端主要是实际价格偏离预算价格。

1.2 工程造价的基本内容

1.2.1 工程造价的特点

1. 大额性

这是指建设工程不仅体积庞大,而且建设价格少则数十万、几百万,多则甚至上千万、上亿万,具有金额巨大的特点。

2. 单个性

任何一项建设工程其功能、用途各不相同,使得每一项工程的结构、造型、设备配置都有不同的要求,这决定了工程造价必然具有单个性的特点。直接表现为工程造价上的差异性,即工程内容和实物形态都具有个别性。同时,每项工程的位置、开工时间、参建组织、地下情况等可能都不相同,这使得工程造价的单个性更加突出,即不存在造价完全相同的两个工程项目。

3. 动态性

任何一项建设工程从决定建设一直到竣工交付使用,其建设周期都是很长的。在该周期内会受到来自自然和社会等方面的众多不可控因素的影响,例如工程变更和材料价格、费率、利率等的波动,这都必然会造成工程造价发生改变。因此,工程造价在建设期内都处于不稳定的状态下,只有等到竣工结束后才能确定工程的实际造价。

4. 层次性

对于工程项目来说,其具有一定的建设层次。建设项目由独立产生经济效益的单项工程组成,例如办公楼、住宅楼等;而单项工程包括独立施工、发挥不同功用的单位工程,例如土建工程、电气安装工程。由此,产生了不同层次的工程造价,具体包括建设项目总造价、单项工程造价和单位工程造价。

5. 兼容性

工程造价的兼容性表现在其具有多种含义:工程造价既可以指建设项目的固定资产投资,也可以指建筑安装工程造价;既可以指招标的标底、招标控制价,也可以指投标报价。同时,工程造价的构成因素非常广泛、复杂,包括成本因素、土地费用支出因素、人工费用等。在建设过程中,与政府一定时期政策相关的费用也占有一定的比例。此外,构成盈利的相关因素也是多样的,资金成本也较大。

1.2.2 工程造价计价

1. 含义

建造项目工程造价计价是指项目花费所需费用的计算,简称工程计价,也称工程估价。具体是指工程造价人员在项目实施的各个阶段,根据各个阶段的不同要求,遵循计价原则和程序,采用科学的计价方法,对投资项目最可能实现的合理价格做出科学的计算,从而确定投资项目的工程造价,编制工程造价的经济文件。

2. 特征

工程造价计价具有以下特征:

(1)计价的单件性

产品的单件性决定了每项工程都必须单独计算造价。

任何一个建设项目都具有特定的用途,需要根据特定的使用目的进行建设,从而呈现出多样化的特点。并且建设项目位置固定,不能移动,施工过程一般是露天作业,受功能要求、自然环境条件、水文地质和施工时间等因素的影响极大。工程建设的这些技术经济特点决定了任何建设项目的建造费用都是不一样的。因此,任何建设项目都要通过一个特定的程序(编制估算、概算、预算、合同价、结算价及最后确定竣工决算价等),就各个工程项目计算工程造价,即单件性计价。

（2）计价的多次性

建造项目需要按照项目的建设程序来决策以及实施，它的实施过程时间较长并且规模庞大、建造的价格也高，为了保证工程造价计价的准确性和有效性应分阶段、分层次进行。多次计价过程是在不同阶段分别进行深化、细化从而得到实际造价，其示意图如图 1-1 所示。

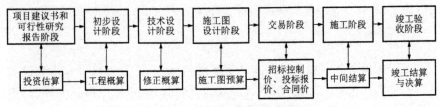

图 1-1　工程多次计价过程

①投资估算在项目建议书和可行性研究报告阶段进行，指的是在该阶段通过编制估算文件预先估计的工程造价。投资估算的确定有助于合理分配资金从而控制工程支出。

②工程概算在初步设计阶段进行，指的是利用阶段文件测算和确定工程造价，进行初步概算，经批准后确定投资项目的最高金额，投资概算比投资估算准确性明显提高，但概算又受估算的控制。

③修正概算在技术设计阶段进行，指的是在设计图纸的基础上对初步设计进行编制所测算的工程造价，也称为修正设计概算。修正概算是对初步设计阶段工程概算的修正与调整，比工程概算准确，但受工程概算控制。

④施工图预算在施工图设计阶段进行，指的是在施工图纸、预算定额和各类收费标准的基础上利用预先编制的文件所测算的工程造价。此阶段得到的造价比上述概算得到的造价更加准确。

⑤合同价的确定在交易阶段进行，指的是工程的发承包双方通过协商，在总承包合同、建筑安装工程承包合同、设备材料采购合同，以及技术和咨询服务合同中确定的价格。

⑥中间结算在施工阶段进行，指在工程施工过程和竣工验收阶段，对比合同的规定价格范围和方法进行预算，然后对实际工程建造中工程量增减、建设材料和设备的价差等进行最终计算确定最后结果，反映的是工程项目最终造价。

⑦竣工决算在竣工验收阶段进行，是指项目工程建成以后双方对该工程发生的应付金额进行最后结算。竣工决算文件一般由建设单位编制，上报相关主管部门审查。

（3）计价依据的复杂性

工程的多次计价有各不相同的计价依据，有投资估算指标、概算定额、预算定额等。

（4）计价方法的多样性

进行工程造价计价可采用不同方法，例如，采用单价法和实物法计算概算、预算造价，采用设备系数法、生产能力指数估算法计算投资估算。当然，不同的计价方法具有不同的精确度。

（5）计价的组合性

由于项目工程规模大，结构复杂多样，根据单项工程计价特点想直接计算出整个的工程造价不现实。所以，工程必须分解成一个一个最小的单个结构工程，以便能更好地计量计价。

1.3　工程造价控制

1.3.1　工程造价控制的含义

工程造价控制，是在设计方案以及优化方案的基础上，在建设每个单项工程过程中，在批准的工程造价范围内，对工程前期进行的可行性研究、投资决定，一直到建设施工再到竣工交付使用前所需要的全部金额费用的控制、监管、确定，采用一定的方法随时纠正偏差，保证投资项目的实现以及合理利用人力、物力、财力，以便取得更好的效益。

1.3.2　工程造价控制的原则

应在以下原则的指导下进行工程造价控制：

1. 以设计阶段为重点的全过程造价控制

建设工程项目包括决策阶段、设计阶段、招投标阶段、施工阶段、竣工阶段等不同阶段，故进行工程造价控制也应贯穿建设过程的不同阶段。其中，应着重对设计阶段进行工程造价控制，这样更能积极、主动地实现对工程项目的造价控制。

2. 主动控制与被动控制相结合

为了使目标造价与实际造价两者的差距尽量处于合理的范围内，应在事先采取控制措施，进行主动控制。具体来说，通过被动控制工程造价，能够影响项目决策，影响设计及施工，通过主动控制能够更好地控制工程造价。

3. 技术与经济相结合

对工程造价进行合理控制的过程中,通常利用组织、技术、合同、经济等方式,尤其需要采用技术与经济相结合的方式。

1.3.3　工程造价控制的重点和关键环节

1. 各阶段的控制重点

图 1-2 所示为工程造价全过程计价示意图。

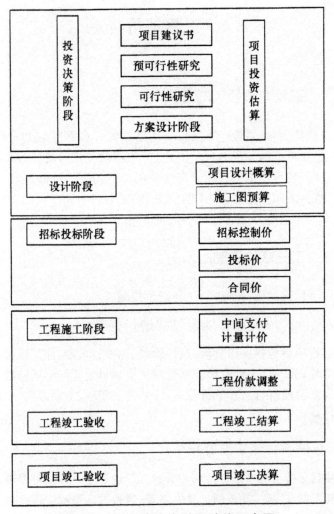

图 1-2　工程造价全过程计价示意图

（1）投资决策阶段

在此阶段,应充分了解建设项目的专业用途和使用要求,在此基础上对该项目进行定义,首先对项目投资进行定义,然后根据项目的具体要求逐步进行深入分析,使投资估算处于合理范围。

（2）设计阶段

将已确定好的工程概算作为控制目标,利用设计标准、限额设计和价值工程等,对施工图设计进行合理控制和修改,以便更好地控制施工过程中的工程造价。

（3）招标投标阶段

在充分了解工程设计文件的基础上,根据不同的施工情况(包括施工条件、业主额外要求、材料价格等)以及招标文件,编制招标工程的标底价,经协商约定合同计价方式,进而得到工程的初步合同价。

（4）工程施工阶段

将前面阶段确定的施工图预算、标底价、合同价等作为控制目标,利用工程计量方法,将工程变更、物价波动等情况造成的造价变化考虑在内,准确计算工程施工阶段承包人的实际支出费用。

（5）竣工验收阶段

对整个工程建设过程中产生的费用进行整合,从而得到竣工决算。在此过程中,应尽可能地反映该项目的工程造价,汇集相关的技术数据和资料,为以后更好地控制工程造价奠定基础。

2. 关键控制环节

在把握工程造价各阶段控制重点的基础上,还应注意以下关键控制环节:

（1）决策阶段做好投资估算

在工程规划阶段就展开对工程项目的投资决策,对工程投资额度作出估算,从而使业主对建设过程中的相关技术方案进行合理决策,从工程建设的起始阶段就对工程造价控制给予指导。

（2）设计阶段强调限额设计

设计是工程造价的具体化,是工程建设的灵魂。限额设计是避免浪费的重要举措,是处理技术与经济关系的关键性环节。

（3）招标投标阶段重视施工招标

业主利用招标的方式来选择更为合适的承包人,这样有助于保障工程质量、缩短工程周期,也有助于控制工程造价。其主要流程为,应在掌握工程项目实际情况的基础上,合理选择招标方式,依据相应的法律规定编制内容齐全的招标文件,经双方协商,最终签订施工合同。

(4)施工阶段加强合同管理与事前控制

在施工中通过跟踪管理,对合作双方是否按合同进行审查,经过追踪调查发现并解决问题,有效地控制工程质量、进度和造价。控制工程事故变更,防止索赔事件的发生。施工过程要搞好工程计量与结算,做好与工程造价相统一的质量、进度等各方面的事前、事中、事后控制。

1.3.4 工程造价控制的基本方法

对项目工程整个过程进行工程造价控制,充分利用现有资源控制工程造价,确保工程在合理确定预期造价的基础上,实际造价误差在预期合理范围内。下面对工程造价控制的方法进行简要介绍。

1. 项目可行性研究

项目可行性研究指的是在项目投资决策阶段,从国家政策、市场形势、建设方案、生产工艺、设备选型、投资估算、投资风险等各种因素进行具体调查、研究、分析,确定有利因素和不利因素、判断可不可行,为项目研究提供依据。

2. 技术与经济分析

在项目建设的各阶段都可采用技术与经济分析方法来控制工程造价。该方法主要研究如何利用先进技术实现最佳经济收益,在技术比较、经济分析和效果评价的基础上,使先进技术与经济收益能够更好地体现在工程造价控制中,也就是说,在工程造价控制过程中追求技术先进和经济收益良好二者的平衡。

3. 价值工程

利用价值工程能够有效提升产品性能,减少产品成本。以提高产品或工程的价值为目的,力求以最低寿命周期成本实现工程使用要求的必需功能,来获得最好的经济效益。

4. 网络计划技术

网络计划技术是以网络图为基础的计划模型,基本优点就是能直观地反映工程项目中各项工作之间的相互关系。利用有关公式计算网络图的时间参数,从中找到项目计划的关键工作和流程,初步确定工期;在实施计划的过程中,根据实际情况来调整网络计划,以便得到更加完善的方案,在合理的范围内尽可能地利用最少的人力、物力和财力来产生最多的经济收益。一般来说,优化施工设计方案、计算工期索赔、编制资金使用计划时常采用此法。

5. 限额设计

限额设计是按照投资或造价的限额进行满足技术要求的设计,有效使用建设资金的重要措施。

6. 招投标

招投标是招标方发起的,由招标方和多个投标方共同进行的招标投标活动,其具有市场竞争的性质。依据相关法律法规,以工程项目的全过程为对象进行招投标,能够从根本上保障工程质量。

7. 合同管理

合同管理必须是全过程的、系统性的、动态性的。在工程建设的各阶段都应进行合同管理,具体包括合同洽谈、草拟、签订、生效,直到合同失去法律效应为止。进行合同管理是为了有力地保证承包人全面、有序地承担合同中规定的责任,履行合同中规定的义务。

第 2 章 工程建设项目造价的构成及确定的依据

针对建设项目的特点,在建设过程中,需要对建设项目由粗到细进行多次计价,对造价全过程进行有效的控制,这里工程造价由设备及工器具购置费用、建筑安装工程费用、工程建设其他费用、预备费、建设期贷款利息几部分费用组成,各部分费用要根据相应的规定和依据等来合理地确定,从而有助于工程造价最终控制目标的实现。

2.1 概　述

建设项目总投资是指为了完成工程项目建设,在建设项目上投入且形成现金流出的全部费用,其构成内容如图 2-1 所示。建设工程造价主要由建设投资构成,建设投资通常分为工程费用、工程建设其他费用和预备费。

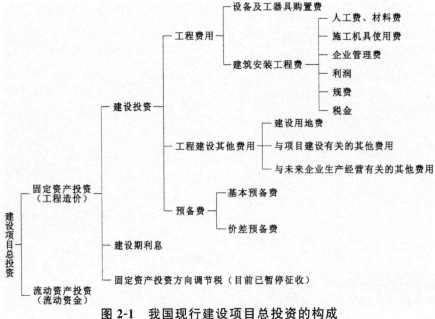

图 2-1　我国现行建设项目总投资的构成

工程费用是用于设备及工器具的购置和安装的费用;工程建设其他费用是用于取得土地使用权、建设工程项目及未来经营的费用;预备费是为不可预料的变化需要提前预留出的费用。

2.2　设备及工具、器具购置费用的构成

2.2.1　设备购置费的构成及计算

1. 设备购置费的概念

设备购置费指的是购置或自行制造工程建设项目需要的设备、工器具而投入的费用。其计算公式为:

$$设备购置费 = 设备原价 + 设备运杂费$$

2. 设备原价的构成及计算

(1)国产标准设备原价

国产标准设备是由设备生产厂家依据标准图纸和技术规范批量生产的,经国家有关部门检验合格的设备。与之相应的国产标准设备原价就是设备生产厂家的交货价,也可以说是出厂价。出厂价可分为带有备件的出厂价和不带有备件的出厂价,通常情况下指的是带有备件的出厂价。若由设备成套公司进行供应,那么设备原价即为订货合同价。

(2)国产非标准设备原价

对于没有相关国家规定的部分设备,不能由生产厂家进行批量生产,而是采取一次订货的形式,按照具体图纸进行生产,此类设备即为国产非标准设备。经过专业人员的探索,总结出了多种计算国产非标准设备原价的方法。在具体计算时,应选择较为简便的方法,且应尽可能地使非标准设备价格计算的准确性与实际出厂价相差最少。一般情况下,多采用成本计算估价法,其采用如下公式计算:

国产非标准设备原价 = {[(材料费 + 加工费 + 辅助材料费) × (1 + 专用工具费率) × (1 + 废品损失费率) + 外购配套件费] × (1 + 包装费率) - 外购配套件费} × (1 + 利润率) + 销项税额 + 非标准设备设计费 + 外购配套件费

（3）进口设备原价

进口设备原价，实际上是进口设备抵岸价，也就是进口设备到达购买方边境后，交完各种类型关税后计算得到的价格。

$$进口设备原价＝货价＋国际运费＋运输保险费＋银行财务费＋$$
$$外贸手续费＋关税＋消费税＋$$
$$进口环节增值税＋车辆购置税$$

①货价：指的是装运港船上交货价（FOB）。其采用如下公式计算：

$$货价＝离岸价（FOB）×人民币外汇汇率$$

②国际运费：指的是设备由装运港运到购买方目的港需要的费用。我国进口设备大多依靠海洋运输，少数依靠铁路运输，个别依靠航空运输。

$$国际运费＝离岸价（FOB）×运费率（\%）$$

或

$$国际运费＝运量×单位运价$$

这里的运费率和单位运价由相关部门或进出口公司确定。

③运输保险费：指的是由保险人与被保险人签订保险合同，被保险人缴纳保险费用后，若在运输过程中出现了合同范围内的损失，则保险人应支付相应的赔偿费用。其采用如下公式计算：

$$运输保险费＝\frac{原币货价（FOB）＋国外运费}{1－保险费率（\%）}×保险费率（\%）$$

④银行财务费：指的是银行手续费。其采用如下公式计算：

$$银行财务费＝离岸价（FOB）×人民币外汇汇率×银行财务费率（\%）$$

⑤外贸手续费：指的是依据有关部门规定的外贸手续费率而产生的费用，通常按 1.5% 计算。其采用如下公式计算：

$$外贸手续费＝到岸价（CIF）×人民币外汇汇率×外贸手续费率（\%）$$

式中，到岸价（CIF）＝离岸价（FOB）＋国际运费＋运输保险费。

⑥关税：指的是海关向进出边境的货物征收的税种。其采用如下公式计算：

$$关税＝到岸价（CIF）×人民币外汇汇率×进口关税税率（\%）$$

⑦消费税：指的是向某些进口设备征收的税种，例如轿车、摩托车等。其采用如下公式计算：

$$应纳消费税税额＝\frac{到岸价（CIF）×人民币外汇汇率＋关税}{1－消费税税率（\%）}×消费税税率（\%）$$

⑧进口环节增值税：指的是在进口商品报关进口后，向进口单位和个人征收的税种。其采用如下公式计算：

$$进口环节增值税＝（关税完税价格＋关税＋消费税）×增值税税率（\%）$$

⑨车辆购置税:进口车辆需缴进口车辆购置税。其采用如下公式计算:

进口车辆购置税＝(关税完税价格＋关税＋消费税)×车辆购置税率(％)

3. 设备运杂费的构成及计算

(1)设备运杂费的构成

①包装费,是指为方便运输而对设备进行包装产生的材料和器具等的费用。

②运费和装卸费,对于不同的标准设备,其运费和装卸费的含义不同。对于国产设备,指的是将设备从交货地运输到工地仓库所需要的费用;对于进口设备,指的是从边境运输到工地仓库所需要的费用。

③采购与仓库保管费,是指设备的采购、验收、保管等过程所需要的费用总和,应由有关部门制订相应的费率加以计算。

④设备供销部门的手续费,同样由有关部门制订相应的费率加以计算。

(2)设备运杂费的计算

设备运杂费应采用如下公式计算:

$$设备运杂费＝设备原价×设备运杂费率(％)$$

应由有关部门制订相应的设备运杂费率。

2.2.2　工具、器具及生产家具购置费的构成及计算

工具、器具及生产家具购置费指的是新建或扩建项目初步设计中规定必须购置的未达到固定资产标准的设备、仪器器具、生产家具等所需的费用。按下式进行计算:

$$工具、器具及生产家具购置费＝设备购置费×定额费率$$

2.3　建筑安装工程费用的构成

2.3.1　按费用构成要素划分

按费用构成要素进行划分的情况下,建筑安装工程费的组成如图 2-2所示。

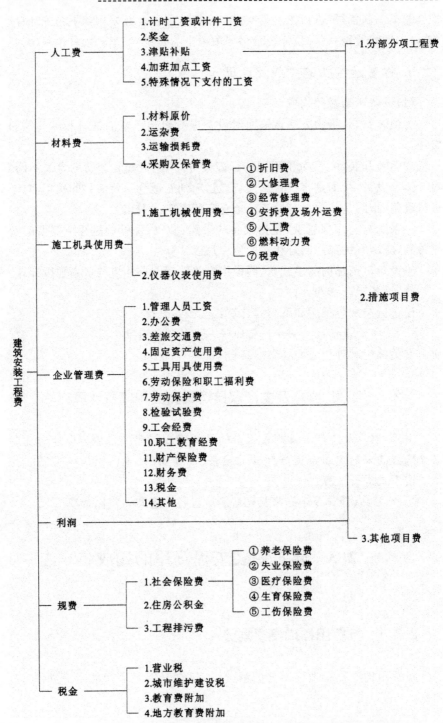

图 2-2　建筑安装工程费项目组成表(按费用构成要素划分)

1. 人工费

人工费指的是按工资总额组成规定,向从事建筑安装工程施工的工人支付的各项费用,其构成如图 2-2 所示。计算人工费时应注意以下两个方面。

(1)人工工日消耗量

人工工日消耗量是指在正常情况下,生产一定计量单位的建筑安装产品需要消耗的生产工人的工日数量。

(2)人工日工资单价

人工日工资单价是指施工企业平均技术熟练程度的生产工人在每个工作日(国家法定工作时间)按规定从事施工作业应得的日工资总额。

计算公式为:

$$人工费 = \sum(工日消耗量 \times 日工资单价)$$

2. 材料费

材料费指的是工程建设中在原材料运输、采购、保管等方面需要支出的费用。计算材料费时应从两方面着手。

(1)材料消耗量

指的是在正常情况下,生产一定计量单位的产品所使用材料的净值和损耗值的总和。

(2)材料单价

材料单价指的是建筑材料由来源地到工地仓库直至出库的运输装卸过程中产生的综合平均单价,其计算公式为:

$$材料单价=[(材料原价+运杂费) \times (1+运输损耗率)] \times$$
$$(1+采购保管费率)$$

计算公式为:

$$材料费 = \sum(材料消耗量 \times 材料单价)$$

3. 施工机具使用费

施工机具使用费指施工作业过程中施工机械、仪器仪表的使用费或租赁费。

(1)施工机械使用费

施工机械使用费,其构成如图 2-2 所示。施工机械使用费常按下式进行计算:

$$施工机械使用费 = \sum(施工机械台班消耗量 \times 机械台班单价)$$

$$
\begin{aligned}
机械台班单价 = &台班折旧费 + 台班大修理费 + 台班经常修理费 + \\
&台班安拆费及场外运费 + 台班人工费 + \\
&台班燃料动力费 + 台班车船税费
\end{aligned}
$$

(2)仪器仪表使用费

仪器仪表使用费指工程施工所需使用的仪器仪表的摊销及维修费用。仪器仪表施工费常按下式进行计算:

$$仪器仪表使用费 = \sum(仪器仪表台班消耗量 \times 仪器仪表台班单价)$$

仪器仪表台班单价通常由折旧费、维护费、校验费和动力费组成。

当一般纳税人采用一般计税方法时,施工机械台班单价和仪器仪表台班单价中的有关子项均需扣除增值税进项税额。

4. 企业管理费

企业管理费指的是工程建设企业在管理施工及经营等过程需要支出的费用,其构成如图 2-2 所示。企业管理费的计算方法为,取费基数乘以企业管理费率,可采用如下几种方法计算企业管理费率。

(1)利用直接费

$$\frac{企业管理费}{费率(\%)} = \frac{生产工人年平均管理费}{年有效施工天数 \times 人工单价} \times 人工费占直接费比例(\%)$$

(2)利用人工费和施工机具使用费

$$\frac{企业管理费}{费率(\%)} = \frac{生产工人年平均管理费}{年有效施工天数 \times (人工单价 + 每一台班施工机具使用费)} \times 100\%$$

(3)利用人工费

$$企业管理费费率(\%) = \frac{生产工人年平均管理费}{年有效施工天数 \times 人工单价} \times 100\%$$

5. 利润

利润指的是施工企业通过工程建设所获得的盈利,由施工企业根据企业自身需求并结合建筑市场实际自主确定。

6. 规费

规费指的是国家有关法律规定必须缴纳的费用,包括社会保险费、住房公积金和工程排污费。

计算社会保险费和住房公积金应采用如下公式：

$$\genfrac{}{}{0pt}{}{社会保险费和}{住房公积金} = \sum(工程定额人工费 \times 社会保险费和住房公积金费率)$$

应由环保部门规定工程排污费的缴纳费用。

7. 税金

税金是指国家税法规定的应计入建筑安装工程造价内的增值税额。

(1)采用一般计税方法时增值税的计算

当采用一般计税方法时,建筑业增值税税率为 11%。计算公式为:

$$增值税 = 税前造价 \times 11\%$$

(2)采用简易计税方法时增值税的计算

当采用简易计税方法时,建筑业增值税税率为 3%。其计算公式为:

$$增值税 = 税前造价 \times 3\%$$

2.3.2　按造价形成划分

根据《建设工程工程量清单计价规范》(GB 50500—2013)的规定,按造价形成进行划分,建筑安装工程费的组成如图 2-3 所示。

1. 分部分项工程费

分部分项工程费是指建筑造价各个单项工程费,是建筑造价的组成部分,其具体内容如图 2-3 所示。应按照下式计算分部分项工程费。

$$分部分项工程费 = \sum(分部分项工程量 \times 综合单价)$$

式中,综合单价包括人工费、材料费、施工机具使用费、企业管理费和利润以及一定范围的风险费用(下同)。

2. 措施项目费

措施项目费是建设过程中在技术、生活、安全施工方面支付的各种费用,其具体内容如图 2-3 所示。

措施项目的计算方法有下面两种。

(1)国家计量规范规定应予计量的措施项目

应按下式进行计算:

$$措施项目费 = \sum(措施项目工程量 \times 综合单价)$$

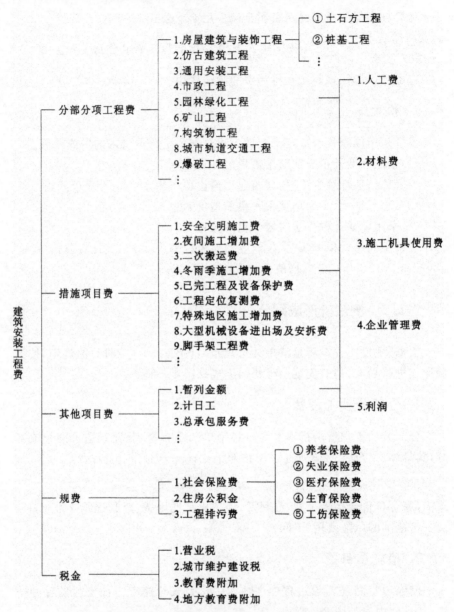

图 2-3 建筑安装工程费项目组成表(按造价形成划分)

(2)国家计量规范规定不宜计量的措施项目

①安全文明施工费。采用如下公式进行计算:

安全文明施工费＝计算基数×安全文明施工费费率(%)

计算基数应为定额基价(定额分部分项工程费＋定额中可以计量的措施项目费)或定额人工费(定额人工费＋定额机械费),费率由工程造价管理机构确定。

②其他不适合计量项目。包括夜间施工增加费、二次搬运费、冬雨季施工增加费、已完工程及设备保护费等。计算公式为：

$$措施项目费＝计算基数×措施项目费费率（％）$$

计算基数应为定额人工费或定额人工费与定额机械费之和，费率由工程造价管理机构确定。

3. 其他项目费

（1）暂列金额

暂列金额是项目建设在工程量清单中暂定的合同工程金额，主要用于额外的材料和设备的采购、工程变更引起的工程价款调整、工程索赔和现场确认费用的支付。

按建设单位的规定进行计价估算。

（2）计日工

计日工指在工程建设过程中，施工单位完成合同建设之外的工程，根据合同性定价产生的费用。

计日工按施工单位企业形成的签证来计价。

（3）总承包服务费

总承包服务费指的是承包单位以配合建设单位为目的，保管建设单位采购的材料、设备，管理施工现场和整理竣工资料产生的支出。

此费用由建设单位按照总包范围和计价规定编制。

4. 规费和税金

参照按费用构成要素划分的规费和税金。

2.4　工程建设其他费用的构成

工程建设其他费用指的是自工程建设初期到竣工的整个过程中，使项目工程能顺利完成而产生的费用，并不包括建筑安装工程费和设备及工器具购置费。

2.4.1　建设用地费

建设任何项目都离不开一定地点和地面，这就势必会占用相应的土地，为了取得建设用地需要投入的金额，即为土地使用费。具体来说，指的是以划拨方式获得土地使用权所产生的土地征用及迁移补偿费,也可以说,是以出让方式获得土地使用权所产生的出让金。

1. 建设用地取得的基本方式

简单来说,取得建设用地即为依法取得国有土地的使用权。建设用地取得的方式主要有出让方式、划拨方式、租赁和转让方式。

(1)以出让方式取得国有土地使用权

通过出让来获得土地使用权,具体指的是由国家以招标、拍卖、挂牌、协议等方式在一定时间内将土地使用权出让给使用方,土地使用方需向国家缴纳出让金。

(2)以划拨方式取得国有土地使用权

通过划拨来获得土地使用权,具体指的是由县级以上人民政府依法批准使用方获得土地使用权,并需支付相应的安置费用,或无偿获得土地使用权,也就是由国家批准其无偿使用国有土地。以此方式获得土地使用权的使用方需缴纳土地使用税。

若没有额外的规定,则可以无限期地使用土地。不过,由于土地使用者出现迁移、解散、撤销、破产等情况造成停止使用土地,则国家应无偿收回土地使用权,依法出让给其他单位。

2. 建设用地取得的费用

对于以划拨方式取得的建设用地,应由土地使用者承担征地补偿费用或拆迁补偿费用。对于以市场机制取得的建设用地,应由土地使用者承担土地出让金。具体费用如图 2-4 所示。

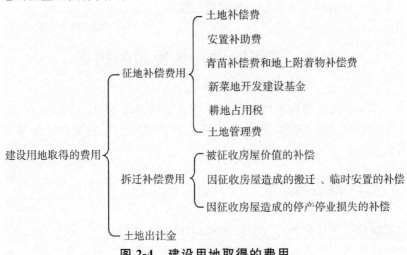

图 2-4　建设用地取得的费用

2.4.2　与项目建设有关的其他费用

1. 建设管理费

建设管理费指的是工程项目自筹建之初到通过验收的整个过程内需要的建设管理费。

（1）建设单位管理费

建设单位用于管理的费用即为建设单位管理费。若项目建设的管理工作以总承包的方式进行，那么建设单位与承包单位经双方协商在合同条款中标明总包管理费的支出方式。

计算建设单位管理费应采用如下公式：

建设单位管理费＝工程费用×建设单位管理费费率

工程费用包含设备及工器具购置费和安装工程费。

（2）工程监理费

建设单位委托相关监理单位开展工程监理需要的费用，即为工程监理费。

确定工程监理费可按照以下两种方式：一种是由监理双方根据委托的内容进行协商；另一种是遵循有关部门的具体规定。

2. 可行性研究费

在项目建设的筹备阶段，编制和评估所需的项目建议书、可行性研究报告等需要支出的费用即为可行性研究费。计算此项费用应按照研究委托合同或《国家计委关于印发建设项目前期工作咨询收费暂行规定的通知》。

3. 勘察设计费

委托勘察单位开展水文地质勘察以及委托设计单位开展工程设计需要支出的费用即为勘察设计费。可依据勘察设计委托合同或参照《国家计委、建设部关于发布工程勘察设计收费管理规定的通知》进行计算。

4. 劳动安全卫生评价费

劳动安全卫生评价费指的是按照中华人民共和国人力资源和社会保障部相关规定，为合理评价建设工程项目的危险性，制订相应的安全技术及管理方法支出的具体费用。

可依据劳动安全卫生预评价委托合同或按照建设工程项目所在省、市、自治区劳动行政部门规定的标准进行计算。

2.4.3 与未来企业生产经营有关的其他费用

1. 联合试运转费

在建设项目投入使用前,应根据施工文件中的质量标准,对某个装置或生产线开展局部联动试车或负荷联合试运转,在此过程中需要支出的费用即为联合试运转费。

2. 专利及专有技术使用费

(1)专利及专有技术使用费的具体内容

专利及专有技术使用费的具体内容如图 2-5 所示。

专利及专有技术使用费 { 国外设计及技术资料费,引进有效专利、专有技术使用费和技术保密费

国内有效专利、专有技术使用费

商标权、商誉和特许经营权费等

图 2-5 专利及专有技术使用费的内容

(2)专利及专有技术使用费的计算

专利及专有技术使用费的计算有如下要点:

①符合专利使用许可协议和专有技术使用合同的要求。

②按照省、部级规定的鉴定标准界定专有技术。

③对于建设期内的专利及专有技术使用费应在项目投资中核算,对于合同约定的生产期内的使用费应在生产成本中核算。

④对于一次性付清的商标权及特许经营权费用应按合同中的条款核算,对于在生产期内付清的商标权或特许经营权费用应在生产成本中核算。

⑤对于建设项目应安装相应的配套设施,如专用铁路线、专用公路、专用通信设施、送变电站等,由此就需要投入一定的费用。

3. 生产准备费

建设项目在竣工验收合格前,会展开一定的生产准备,由此会投入一定的费用,即为生产准备费。一般来说,包括如下几项:

①生产职工培训费。自行培训或委托其他单位培训人员的工资、工资性补贴、职工福利费、差旅交通费、学费、劳动保护费等。

②生产单位提前进厂参加施工,设备安装、调试等,以及熟悉工艺流程及设备性能等人员的工资、工资性补贴、职工福利费、劳动保护费等。

计算生产准备费应采用如下公式:

生产准备费＝设计定员×生产准备费指标(元/人)

2.5　预备费、建设期贷款利息计算

2.5.1　预备费

一般来说,预备费包含以下两种。

1. 基本预备费

基本预备费是指投资估算或工程概算阶段预留的,由于工程实施中不可预见的工程变更洽商、自然灾害处理、地下障碍物处理、超规超限设备运输等可能增加的费用,亦可称为工程建设不可预见费。其计算公式为:

基本预备费＝(工程费用＋工程建设其他费用)×基本预备费费率

式中,基本预备费费率由有关部门制订。

2. 涨价预备费

在工程建设项目的施工期间,工程造价可能会受材料、人工、设备等价格的影响从而发生波动,为此应预留出相应的费用,即为涨价预备费,也称作价格变动不可预见费。

通常情况下,计算此费用需要在国家规定的投资综合价格指数的基础上,以估算年份价格水平的投资额为基数,利用复利方法求得。采用下式进行计算:

$$PF = \sum_{t=1}^{n} I_t \left[(1+f)^m (1+f)^{0.5} (1+f)^{t-1} - 1 \right]$$

式中,PF 为涨价预备费;n 为建设期年份数;I_t 为估算静态投资额中第 t 年投入的工程费用;f 为年涨价率;m 为建设前期年限。

2.5.2　建设期贷款利息

1. 建设期贷款利息的概念

在工程项目的建设期间,向国内银行和其他非银行金融机构贷款、出口信贷、国际商业银行贷款以及在境内外发行债券,由此需要支付的利息即为建设期贷款利息。

2. 建设期贷款利息的计算

若在年初一次性完成贷款且规定相应的利率,则按照下式计算建设期贷款利息。

$$I = P(1+i)^n - P$$

式中,P 为一次性贷款数额;i 为年利率;n 为计息期;I 为贷款利息。

若以分年的形式发放贷款,应默认在年中使用当年的借款,故具体计算过程中,对于当年的贷款应以半年核算利息,对于上年的贷款应以全年核算利息。采用如下公式进行计算:

$$q_j = \left(P_{j-1} + \frac{1}{2}A_j \right) \cdot i$$

式中,q_j 为建设期第 j 年应计利息;P_{j-1} 为建设期第 $(j-1)$ 年末贷款累计金额与利息累计金额之和;A 为建设期第 j 年贷款金额;i 为年利率。

2.6　定额计价

一般来说,建设工程从最初的项目建议书、可行性研究到准备开始施工前,应预先对建设工程造价进行计算和确定。国家和地区工程造价部门,针对某一具体项目的不同时期、不同设计深度要求、不同用途和不同类别,发布了多种相应定额和计费的规定。

工程定额计价方法是在计划经济条件下,确定工程造价的一种传统的计价方法。传统的定额计价方法首先按概预算定额规定的计量单位和计算规则,逐项计算拟建工程施工图设计中的分项工程量,再按概预算定额单价得到直接工程费,接着依据有关条款得到措施费、间接费、利润和税金,最后汇总后,得到工程的概预算价格。

在用此法进行工程计价的过程中,充分体现了量与价的结合,存在这样两个基本过程:工程量计算和工程计价。

工程计价的程序用公式表示为:

①每一计量单位建筑产品的基本构造单元的工料单价＝人工费＋材料费＋施工机械使用费。

式中：

$$人工费 = \sum (人工工日数量 \times 人工单价)$$

$$材料费 = \sum (材料消耗量 \times 材料单价) + 工程设备费$$

$$施工机具使用费 = \sum (施工机械台班消耗量 \times 机械台班单价) +$$

$$\sum (仪表仪器台班消耗量 \times 仪表仪器单价)$$

②单位工程的直接费 $= \sum$ (假定建筑产品工程量 $\times$ 工料单价)。

③单位工程概预算造价 = 单位工程直接费＋间接费＋利润＋税金。

④单项工程概预算造价 $= \sum$ 单位工程概预算造价＋设备、工器具购置费。

⑤建设项目全部工程概预算造价 $= \sum$ 单项工程概预算造价＋预备费＋工程建设其他费＋建设期利息＋流动资金。

2.7　工程量清单计价

工程量清单计价方法是与市场经济体制相适应的计价方法,具体来说,是发包人和承包人依据当前的供求状况和信息状况进行自由竞价,进而确定工程合同价格。此计价方法是随着建设市场的发展而产生的,从定额计价到清单计价的过程也表明了我国建筑产品价格市场化的进程。

2.7.1　工程量清单计价的适用范围

建设工程发承包及施工阶段的计价都可以运用清单计价法确定工程价格。由国家投资建设的工程,必须选择工程量清单计价法;非国家投资的建设工程,可以运用工程量清单计价法进行;若未选择工程量清单计价法,则应按照计价规范中的其他规定进行。

1. 国有资金投资的工程建设项目

国有资金投资的工程建设项目包括如下项目,如图 2-6 所示。

国有资金投资的
工程建设项目
{
使用各级财政预算资金的项目

使用纳入财政管理的各种政府性
专项建设资金的项目

使用国有企事业单位自有资金,
并且国有资产投资者实际拥有控制权的项目
}

图 2-6　国有资金投资的工程建设项目

2. 国家融资资金投资的工程建设项目

国家融资资金投资的工程建设项目包括如下项目,如图 2-7 所示。

国家融资资金投资的
工程建设项目
{
使用国家发行债券所筹资金的项目

使用国家对外借款或者担保所筹资金的项目

使用国家政策性贷款的项目

国家授权投资主体融资的项目

国家特许的融资项目
}

图 2-7　国家融资资金投资的工程建设项目

3. 国有资金为主的工程建设项目

国有资金为主的工程建设项目指的是项目投资总额中超过 50% 为国有资金,或者投资总额中国有资金所占的比重低于 50%,但实际控股权归国有投资者的工程建设项目。

2.7.2　工程量清单计价的基本过程

采用工程量清单法进行计价的过程如下:

依据工程量清单中不同专业工程的项目设置和计算规则,分别对施工图纸和施工设计进行计算,得到不同清单项目的工程量,再采用一定的方法得到综合单价,依据各清单的合价得出工程总价。

可以用公式概括上述计算过程。

① 分部分项工程费 $= \sum$ 分部分项工程量×相应分部分项综合单价。

② 措施项目费 $= \sum$ 各种措施项目费。

③ 其他项目费 ＝ 暂列金额＋暂估价＋计日工＋总承包服务费。

④ 单位工程报价 ＝ 分部分项工程费＋措施项目费＋其他项目费＋规费＋税金。

⑤ 单项工程报价 $= \sum$ 单位工程报价。

⑥ 建设项目的总报价 $= \sum$ 单项工程报价。

2.7.3　工程量清单与计价表格

工程量清单格式包括封面、总说明、汇总表、分部分项工程量清单表、措施项目清单与计价表、其他项目清单与计价汇总表、规费税金项目清单与计价表等。

1. 封面

(1)工程量清单封面

封面按规定的内容填写、签字、盖章。封面内容示意如下：

　　　　　　　　　　　　　　　　工程

工程量清单

招标人：_____(单位盖章)　　　工程造价咨询人：_____(单位资质专用章)

法定代表人或其授权人：_____　　法定代表人或其授权人：_____
　　　　　　　　(签字或盖章)　　　　　　　　　　(签字或盖章)

编制人：_____　　　　　复核人：_____
　　(造价人员签字盖专用章)　　　　(造价工程师签字盖专用章)

编制时间：　年　月　日　　　复核时间：　年　月　日

(2)招标控制价封面

封面按规定的内容填写、签字、盖章。封面内容示意如下：

_____工程

招标控制价

招标控制价(小写)：_____

　　　　(大写)：_____

招标人：_____(单位盖章)　　工程造价咨询人：_____(单位资质专用章)

法定代表人或其授权人：_____　　法定代表人或其授权人：_____

　　　　　　(签字或盖章)　　　　　　　　　　　(签字或盖章)

编制人：_____　　　　　　复核人：_____

　　(造价人员签字盖专用章)　　　　　(造价工程师签字盖专用章)

编制时间：　年　月　日　　　　复核时间：　年　月　日

（3）投标总价封面

封面的内容示意如下：

招　标　人：_____

工　程　名　称：_____

投标总价(小写)：_____

　　　　(大写)：_____

投标人：_____

　　　　　　　　　　(单位盖章)

法定代表人

或其授权人：_____

　　　　　　　　　　(签字或盖章)

编制人：_____

　　　　　　　　　　(造价人员签字盖专用章)

编制时间：　　　年　　　月　　　日

（4）竣工结算总价封面

封面的内容示意如下：

_____工程
竣工结算总价

中标价(小写)：_____(大写)：_____

结算价(小写)：_____(大写)：_____

发包人：_____　承包人：_____　工程造价咨询人：_____

　　　(单位盖章)　　　　　　　(单位盖章)　　　　　　　(单位资质专用章)

法定代表人　　　　　　　法定代表人　　　　　　　法定代表人

或其授权人：_____　或其授权人：_____　或其授权人：_____

　　　(签字或盖章)　　　　　　(签字或盖章)　　　　　　(签字或盖章)

编制人：_____　　核对人：_____

　　(造价人员签字盖专用章)　　　　(造价工程师签字盖专用章)

2. 总说明

总说明见表 2-1,其中应详细写明以下几点：

①工程概况,建设规模、工程特征、计划工期、施工现场实际情况、自然地理条件、环境保护要求等。

②工程招标和分包范围。

③工程量清单编制依据。

④工程质量、材料、施工等特殊要求。

⑤其他需要说明的问题。

表 2-1　总说明

工程名称：	第　页共　页

3. 计价表格

后面的章节介绍了工程量清单的各类计价表格。

2.7.4 工程量清单计价的作用

①满足市场经济条件下的竞争需要,能充分发挥市场竞争规律和价格的杠杆作用。

②由市场定价,为投标者提供了一个平等的竞争平台。

③有利于业主对投资的控制。

④有利于提高工程计价效率,实现快速报价。

⑤有利于工程款的拨付和工程造价的最终结算。

第 3 章　工程建设项目决策阶段造价控制

　　建设项目决策阶段是项目建设的初始阶段,做好建设项目决策阶段工作对建设项目造价控制起着重要的作用。进行项目决策时,不应简单依靠决策人员的经验和直觉,应充分认识该阶段造价控制与管理的重要性。结合事前控制和主动控制,对建设项目进行可行性研究,有效控制投资估算,更加全面地评价项目财务。

3.1　概　述

3.1.1　建设项目决策的概念

　　建设项目决策是指投资者根据预期的投资目标,在调查、分析、研究的基础上,选择最佳投资方案的过程。建设项目决策的程序是在调查研究、收集资料的基础上提出预期目标,并在国家发展规划、地区发展计划及企业自身条件的指导下,确定若干投资方案,通过对方案的分析、比较,从而得出最佳投资方案,确定具体实施计划。建设项目决策是投资行动的准则,正确的项目投资行动来源于正确的建设项目决策,正确的建设项目决策是正确估算和有效控制工程造价的前提。一个合理的项目决策过程包含的基本步骤如图 3-1 所示。

3.1.2　建设项目决策阶段与工程造价的关系

1. 建设项目决策阶段的工作质量是控制工程造价的重点

　　该阶段的工作质量对总投资的影响高达 70% 左右,对投资效益的影响高达 80% 左右。相比之下,该阶段的费用较少,一般只占总投资的百分之几或千分之几。要控制工程造价,必须在决策阶段实事求是地进行市场分析;加强工程地质、水文地质以及征地、水源、供电、运输、环保等工程项目外部条件的工作深度;对各项贷款的条件应进行认真、细致的分析比较,才能保证项目决策的工作质量。

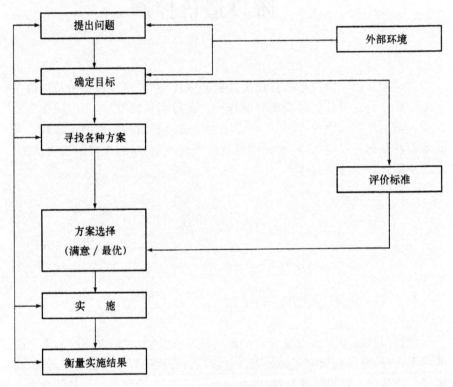

图 3-1　项目决策步骤示意图

2. 建设项目投资额的多少影响项目最终决策

进行项目决策时需要依据建设项目的投资估算。对于较为先进的投资方案,投资额过高的情况下,投资方并不能投入足够的资金,最终便不能开展此项目;审批可行性研究报告时,项目投资额越高,越不易做出决策。

3. 建设项目决策的深度影响投资估算的精确度,也影响工程造价的控制效果

在项目决策的不同阶段进行投资估算,其准确度存在一定差异。在编写项目建议书阶段,误差为±30%;在初步可行性研究阶段,误差为±20%;在详细可行性研究阶段,误差为±10%。在收集有效数据的基础

上,运用合理的估算方法,考虑建设过程中的风险因素,计算投资额,才能保证其他各阶段的造价被控制在合理的范围内,保证项目总目标的实现。

3.1.3 建设项目决策阶段影响工程造价的主要因素

建设项目决策阶段影响工程造价的因素很多,主要影响因素如图 3-2 所示。

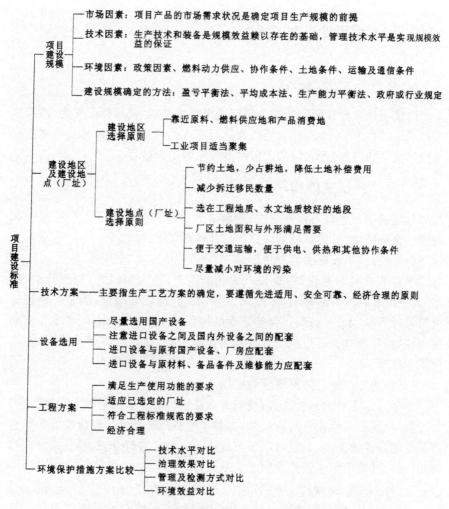

图 3-2 建设项目决策阶段影响工程造价的因素

3.2 建设项目可行性研究

建设项目的开发和建设是一项综合性经济活动,建设周期长,投资额大,涉及面广。为了使建设项目取得预期的收益,在项目决策阶段的可行性研究工作是不可或缺的。通过可行性研究,能够让投资者更好地把握项目的经济状况和风险性,在此科学分析的基础上合理筹措资金。

3.2.1 可行性研究的概述

1. 可行性研究的概念

建设项目可行性研究能够为项目决策打下基础,其具体含义为,对拟建项目涉及的技术、经济和社会等因素进行深入的调查研究,对建设方案进行分析比较,同时预测投入使用阶段可能带来的综合效益。

2. 可行性研究的作用

对建设项目进行可行性研究,能够有效避免和降低由于不当决策引起的投资金额的增加,提高投资效益。具体作用如下:

(1)作为科学投资决策的依据

项目的开发和建设,需要投入大量的人力、物力和财力,受到社会、技术、经济等各种因素的影响,不能只凭感觉或经验就能确定,而是要在投资决策前,做好技术、经济和社会等方面的深入分析,在建设前期实施相应的主动控制,尽量减少不可控因素带来的投资损耗,提高经济效益,使投资决策更加科学、有效。

(2)作为筹措项目建设资金的依据

项目建设需要大量的资金,投资者在使用自有资金的基础上,还需向银行等金融组织、风险投资机构贷款,这些金融机构都把可行性研究报告作为项目申请贷款的前提,并且对项目可行性研究报告进行全面、细致的分析和评估,最后才能确定是否给予项目贷款。

(3)作为编制设计文件的依据

进行可行性研究和编制设计文件并不同步,但编制设计文件时仍应符合可行性研究报告中的有关规定,具体包括规模、地址、建筑设计方案、建设速度及投资额等。

（4）作为拟建项目与有关协作单位签订合同或协议的依据

有些建设项目可能需要引进设备和技术，在与外商签订购买协议时要以批准的可行性研究报告作为依据。另外，在建设项目实施过程中要与供水、供电、供气、通信等单位签订有关协议或合同，这时也以批准的可行性研究报告作为依据。

（5）作为地方政府、环保部门和规划部门审批项目的依据

建设项目在申请建设执照时，需要地方政府、环保部门和规划部门对建设项目是否符合环保要求、是否符合地方城市规划要求等方面进行审查，这些审查都是以可行性研究报告中的内容作为依据。

（6）作为项目实施的依据

经过项目可行性研究论证以后，确定项目实施计划和资金落实情况，才能保证项目的顺利实施。

3. 建设项目可行性研究阶段

可行性研究是一个从粗到细的分析研究过程，按国际惯例可分为三个阶段：

（1）机会研究

机会研究是指在一地区或部门内，以市场调查和市场预测为基础，进行粗略和系统的估算，来提出项目，选择最佳投资机会。它是对项目投资方向提出的原则设想。在机会研究以后，如果发现某项目可能获利时，就需要提出项目建议。在我国，项目建议一般采用项目建议书的形式。该项目建议书一经批准，就可列入项目计划。

（2）初步可行性研究

如果对项目在技术和经济上做出较为系统的、明确的、详细的论证，是较费时间和财力的工作，所以，在下决心进行详细可行性研究以前，通常进行初步可行性研究，使项目设想较为详细并对该设想做出初步估计。

倘若项目建议书所提供的资料、数据足以对项目进行详细研究，则完成项目建议书后，可直接进行详细可行性研究。

（3）详细可行性研究

详细可行性研究是项目技术经济论证的关键环节，必须为项目提供政治、经济、社会等各方面的详尽情况，计算和分析项目在技术上、财务上、经济上的可行性后，做出投资与否决策的关键步骤。

可行性研究各阶段的深度要求可参照表3-1。

表 3-1　可行性研究各阶段的深度要求

可行性研究阶段划分	工作深度	基础数据估算精度/%	研究费用占投资总额的比例/%	所需时间/月
机会研究	在若干个可能的投资机会中进行鉴别和筛选	±30	0.1～1.0	1～2
初步可行性研究	对选定的投资项目进行市场分析,进行初步技术经济评价,确定是否需要进行更深入的研究	±20	0.25～1.25	2～9
详细可行性研究	对需要进行更深入可行性研究的项目进行更细致的分析,减少项目的不确定性,对可能出现的风险制订防范措施	±10	大项目 0.2～1.0 小项目 1.0～3.0	3～6 或更长

在进行初步可行性研究后,应向有关部门上交项目建议书;进行可行性研究后,由合作方、合资方和主管部门组织专家评估可行性研究报告,对其进行审批,进一步提高决策的科学性。

3.2.2　建设项目可行性研究的步骤和内容

1. 建设项目可行性研究的基本工作步骤

可行性研究的基本工作步骤如图 3-3 所示。

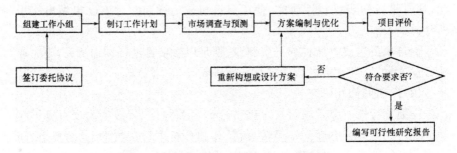

图 3-3　可行性研究的基本工作步骤

2. 建设项目可行性研究的内容

建设项目可行性研究报告是项目决策阶段最关键的一个环节,是主管部门进行审批的主要依据。简单来说,其主要是从技术和经济两种因素来分析、比较拟建项目的投资方案,选择出最为合适的投资方案,并形成可行性研究报告,经审批后,即做出了最终决策。一般工业项目可行性研究报告的内容包括下面几项:

(1)总论

项目背景,包括项目名称、项目的承办单位、承担可行性研究的单位、项目拟建地区和地点、项目提出的背景、投资的必要性和经济意义、研究工作的依据和范围;项目概况,包括拟建地点、建设规模与目标、主要建设条件、项目投入总资金及效益情况、主要技术经济指标。

(2)产品的市场分析和拟建规模

主要内容包括产品需求量调查,产品价格分析,预测未来发展趋势,预测销售价格、需求量,制订拟建项目生产规模,制订产品方案。

(3)资源、原材料、燃料及公用设施情况

主要内容包括资源评述,原材料、主要辅助材料需用量及供应,燃料动力及其公用设施的供应,材料试验情况。

(4)建设条件和厂址选择

建设地区选择主要包括拟建厂区的地理位置、地形、地貌基本情况,水源、水文地质条件,气象条件,供水、供电、运输、排水、电信、供热等情况,施工条件,市政建设及生活设施,社会经济条件等。

厂址选择主要包括厂址多方案比较,厂址推荐方案。

(5)项目设计方案

主要内容包括生产技术方法,总平面布置和运输方案,主要建筑物、构筑物的建筑特征与结构设计,特殊基础工程的设计,建筑材料,土建工程造价估算,给排水、动力、公用工程设计方案,地震设防,生活福利设施设计方案等。

(6)环境保护与劳动安全

分析建设地区的环境现状,分析主要污染源和污染物,项目拟采用的环境保护标准,治理环境的方案,环境监测制度的建议,环境保护投资估算,环境影响评价结论,劳动保护与安全卫生。

(7)企业组织、劳动定员和人员培训

主要内容包括企业组织形式,企业工作制度,劳动定员,年总工资和职工年平均工资估算,人员培训及费用估算。

(8)项目施工计划和进度安排

明确项目实施的各阶段,编制项目实施进度表、项目实施费用等内容。

(9)投资估算与资金筹措

项目总投资估算包括建设投资估算、建设期利息估算和流动资金估算;资金筹措包括资金来源和项目筹资方案;投资使用计划包括投资使用计划和借款偿还计划。

(10)项目经济评价

主要内容包括财务评价基础数据测算,项目财务评价,国民经济评价,不确定性分析,社会效益和社会影响分析等。

(11)项目结论与建议

根据项目综合评价,提出项目可行或不可行的理由,并提出存在的问题及改进建议。

3.3   建设项目投资估算

3.3.1   建设项目投资估算的特点和内容

1. 建设项目投资估算的特点

进行建设项目的投资估算时,由于条件限制,考虑因素不够成熟,不可预见的因素非常大,投资估算的难度较大,所以在估算中有以下特点:

①项目设计方案较粗略,技术条件内容较粗浅,假设因素较多。

②项目具有较为多变的技术条件,故进行估算的难度较大,应适当留出误差的允许范围。

③应用静态投资估算法,操作人员应具备丰富的经济分析经验。

④估算的范围较广,需要操作人员掌握较多的相关政策。

2. 建设项目总投资估算的内容

建设项目总投资估算的内容如图3-4所示。

3.3.2   国内外投资估算阶段划分与精度要求

如图3-5所示,为国内外投资估算阶段划分与精度要求的比较。

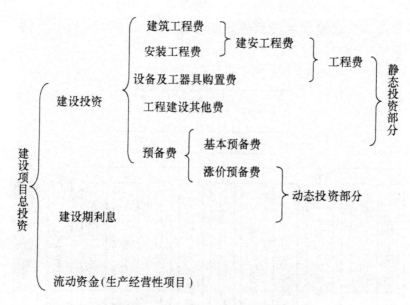

图 3-4　建设项目总投资估算内容

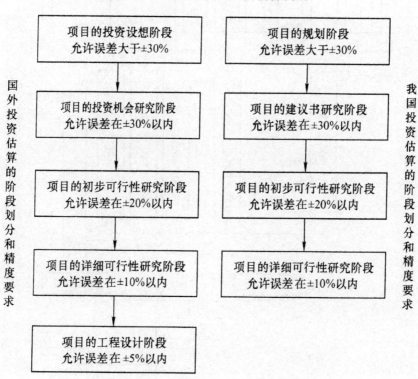

图 3-5　国内外投资估算阶段划分与精度要求的比较

3.3.3 建设项目投资估算的步骤

建设项目投资估算的编制步骤具体见图 3-6。

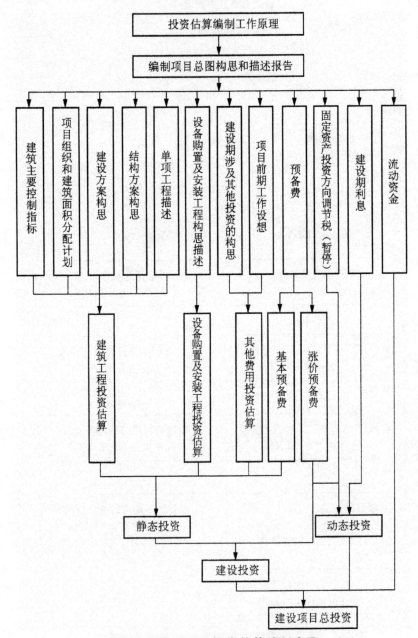

图 3-6 建设项目投资估算编制步骤

3.3.4　投资估算的编制方法

投资估算属于项目建设前期的工作,编制时要从大方向入手,根据项目的性质、不同阶段的条件,有针对地选用适宜的方法,做到粗中有细,尽可能提高投资估算的科学性和准确性。

1. 静态建设投资的简单估算方法

静态建设投资估算的编制方法较多,但各种方法的适用范围不同,精确度也不同。应按建设项目的性质、内容、范围、技术资料和数据的具体情况,有针对性地选用较为适宜的方法。

（1）项目建议书阶段投资估算方法

①生产能力指数法。

根据已建成的性质相类似的工程或装置的实际投资额及生产能力,按拟建项目的生产能力进行推算。

$$C_2 = C_1 \left(\frac{x_2}{x_1} \right)^n \cdot f$$

式中,C_1 为已建成的类似项目的投资额;C_2 为拟建类似项目的投资额;x_1 为已建成的类似项目的生产能力;x_2 为拟建类似项目的生产能力;f 为综合调整系数;n 为生产能力指数。

该方法常用于估算拟建成套生产工艺设备的投资额,一般来说,n 的取值为 $0 \leqslant n \leqslant 1$,当生产规模扩大不超过 9 倍,且仅增大设备尺寸时,n 的取值为 $0.6 \sim 0.7$;当设备尺寸变化不大,且规模扩大时,n 的取值为 $0.8 \sim 1$;对于试验性和高温、高压的生产性工厂,n 的取值为 $0.3 \sim 0.5$。在我国,生产能力指数法在项目建议书阶段较为适用。

②系数估算法。

a. 设备系数法。根据拟建项目的设备购置费和已建项目工程费用占设备购置费的比例,得到拟建项目的工程费用,通过加和最终得到静态投资额。具体计算时应采用如下公式:

$$C = E(1 + f_1 P_1 + f_2 P_2 + f_3 P_3 + \cdots) + I$$

式中,C 为拟建项目的静态投资额;E 为拟建项目的设备购置费;P_1,P_2,P_3,$\cdots$为已建项目中工程费用占设备购置费用的比例;f_1,f_2,f_3,$\cdots$为综合调整系数;I 为其他费用。

b. 主体专业系数法。根据与生产能力相关的工艺设备投资和拟建项目的工程费用占设备投资的比例,得到拟建项目的投资费用,通过加和最终得到静态投资。具体计算时应采用如下公式：

$$C = E(1 + f_1 P_1^1 + f_2 P_2^1 + f_3 P_3^1 + \cdots) + I$$

式中,E 为与生产能力直接相关的工艺设备投资;$P_1^1, P_2^1, P_1^1, \cdots$ 为已建项目中各专业工程费用与工艺设备投资的比重;I 为其他费用。

其他符号代表的含义与前面相同。

c. 朗格系数法。以主要设备费为基础,乘以适当系数,估算拟建项目投资额。按下式进行计算：

$$C = E \cdot (1 + \sum K_i) K_c$$

式中,K_i 为管线、仪表、建筑物等设备费的估算系数;K_c 为包括管理费、合同费、应急费等间接费在内的总估算系数。

其他符号代表的含义与前面相同。

静态投资与设备购置费的比值称作朗格系数 K_L,即

$$K_L = (1 + \sum K_i) K_c$$

③比例估算法。

根据已建成类似项目工程费用占主要设备费的百分数,先估算出拟建项目的主要设备购置费,再估算拟建项目投资额。按下式进行计算：

$$I = \frac{1}{K} \sum_{i=1}^{n} Q_i P_i$$

式中,I 为拟建项目的静态投资;K 为已建项目主要设备费占已建项目投资的比例;n 为主要设备种类数;Q_i 为第 i 种主要设备的数量;P_i 为第 i 种主要设备的购置单价。

(2)可行性研究阶段投资估算方法

①建筑工程费用估算。

该费用用于建造永久性的建筑物,进行估算时常采用单位实物工程量投资估算法,即以单位实物工程量的建筑工程费乘以实物工程总量来估算建筑工程费。实际工作中可根据具体条件和要求选用。一般多层轻工车间(厂房)每 100m² 建筑面积的主要工程量指标见表 3-2。

表 3-2 厂房主要工程量指标

项目	单位	框架结构 (3～5 层)	砖混结构 (2～4 层)
基础(钢筋混凝土、砖、毛石等)	m³	14～20	16～25
外墙(1～1.5 砖)	m³	10～12	15～25

续表

项目	单位	框架结构 （3～5 层）	砖混结构 （2～4 层）
内墙（1 砖）	m³	7～15	12～20
钢筋混凝土（现、预制）	m³	19～31	18～25
门（木）	m²	4～8	6～10
屋面（卷材平屋面）	m²	20～30	25～50

②设备及工、器具购置费估算。

对于设备购置费的估算，应参考设备表及价格；对于工、器具购置费应按适当的比例进行估算。除此以外，对于不同价格的设备应以每台或每类进行估算，价格较高时，按每台计；价格较低时，按每类计。

③安装工程费估算。

安装工程费包括安装主材费和安装费。其中，安装主材费应按照有关部门制订的价格信息来估算；安装费根据设备专业属性，以重量或长度等为单位，套用相应的投资估算指标或类似工程造价资料进行估算。

④工程建设其他费用估算。

应参照合同中的规定进行估算，若并无明确规定，应以有关部门提出的相关计算方法进行估算。

2. 建设期利息估算

建设期利息是指建设单位为项目融资而向银行贷款，在项目建设期内应偿还的贷款利息。进行估算时，应在项目进度计划的基础上，制订投资的分年计划，给出每年的投资金额。应采用下面的公式进行计算：

$$每年应计利息 = \frac{年初贷款本息累计 + 本年贷款额}{2} \times 年利率$$

注意：计息周期小于一年时，上述公式中的年利率应为有效年利率，则有效年利率的计算公式如下：

$$有效年利率 = \left(1 + \frac{r}{m}\right)^{m} - 1$$

式中，r 为名义年利率；m 为每年计息次数。

3. 流动资金投资估算

流动资金是指供生产和经营过程中周转使用的资金。它用于购买原材料、燃料等形成生产储备,然后投入生产,经过加工,制成产品,收回货币。

(1)分项详细估算法

所谓的分项指的是分别对流动资产和流动负债进行估算,计算时应采用如下公式:

$$流动资金=流动资产-流动负债$$

$$流动资产=应收账款+预付账款+存货+现金$$

$$流动负债=应付账款+预收账款$$

$$流动资金本年增加额=本年流动资金-上年流动资金$$

估算流动资金的过程中,涉及的各项应按照下面的公式进行计算。

①周转次数为流动资金在一年内循环的次数。

$$年周转次数=360÷最低周转天数$$

最低周转天数应依据同类项目的平均周转天数和项目的具体情况来确定,也可以直接采用有关部门规定的天数。

②应收账款指的是企业在销售产品或提供服务后并未收到相应的款项。

$$应收账款=\frac{年经营成本}{应收账款年周转次数}$$

③预付账款是企业为购买各类材料、半成品或服务所预付的款项。

$$预付账款=\frac{外购商品或服务年费用金额}{预付账款年周转次数}$$

④存货指的是企业用于销售或生产而储备的各类物资,主要有外购原材料、燃料、其他材料、在产品和产成品等。

$$存货=外购原材料、燃料+其他材料+在产品+产成品$$

$$外购原材料、燃料=\frac{年外购原材料、燃料费用}{分项年周转次数}$$

$$其他材料=\frac{年其他材料费用}{其他材料周转次数}$$

$$在产品=\frac{年外购原材料、燃料+年工资及福利费+年修理费+年其他制造费用}{在产品年周转次数}$$

$$产成品=\frac{年经营成本-年其他营业费用}{产成品年周转次数}$$

⑤现金是企业生产运营活动中停留于货币形态的资金。

$$现金=\frac{年工资及福利费+年其他费用}{现金年周转次数}$$

⑥应付账款估算,是指企业已购进原材料、燃料等尚未支付的资金。

$$应付账款＝\frac{年外购原材料、燃料费用}{应付账款年周转次数}$$

⑦预收账款估算,是指企业对外销售商品、提供劳务所预先收入的款项。

$$预收账款＝\frac{预收的营业收入年金额}{预收账款周转次数}$$

（2）扩大指标估算法

扩大指标估算法应用起来较为简便,通常利用类似项目的销售收入、经营成本、总成本和建设投资等乘以流动资金占各项投资的比例,如下所示：

$$年流动资金金额＝年费用基数×各类流动资金率$$

该方法虽较为简单,但精确度较差,常用于项目建议书阶段。

3.4　建设项目财务评价

3.4.1　财务评价概述

1. 建设项目财务评价的概念

所谓财务评价指的是根据社会以及行业发展的要求,在国家现行财税制度下,分析预测项目的财务效益与费用,计算财务评价指标,考察拟建项目的盈利能力、清偿能力,为项目科学决策提供依据。

2. 财务评价的程序

（1）收集、整理和计算有关的基础数据资料

①项目生产规模和产品品种方案。

②项目总投资估算和分年度使用计划,包括固定资产投资和流动资金。

③项目生产期间分年产品成本,分别计算出总成本、经营成本、单位产品成本、固定成本和变动成本。

④项目资金来源方式、数额及贷款条件（包括贷款利率、偿还方式、偿还时间和分年还本付息额）。

⑤项目生产期间分年产品销量、销售收入、销售税金和销售利润及其分配额。

⑥实施进度,包括建设期、投产和达产的时间及进度等。

（2）编制基本的财务报表

包括项目投资财务现金流量表、项目资本金现金流量表、投资各方财务现金流量表、利润和利润分配表、资产负债表、财务计划现金流量表等。此外，还应编制辅助报表，其格式可参照国家规定或推荐的报表进行编制。

（3）财务评价指标的计算与评价

根据财务评价报表，计算各财务评价指标，并分别与对应的项目评价参数进行比较，对各项财务状况做出评价并得出结论。

（4）进行不确定性分析

采用不同的不确定性分析方法，分析项目可能面临的风险及项目在不确定情况下的抗风险能力。

（5）得出评价结论

由上述分析得出项目在不确定情况下的财务评价结论和建议。

财务评价的工作程序如图 3-7 所示。

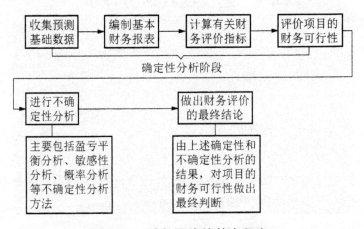

图 3-7　财务评价的基本程序

3.4.2　财务评价指标

1. 资金时间价值

资金时间价值是指一定量的资金在不同时点上具有不同的价值。

（1）复利计算

复利指的是某一计息周期的利息是由本金加上先前计息周期所累积利息总额之和计算的，在考虑资金时间价值时，需明确以下几个参数的含义。

i 表示利率；

n 表示计息的期数；

P 表示现值，指资金发生在某一特定时间序列起点时的价值；

F 表示终值，指资金发生在某一特定时间序列终点的价值；

A 表示年金，指资金发生在某一特定时间序列各计息期末的等额资金序列的价值；

将 P、F 与 A 之间的换算公式以及对应的现金流量图进行归纳后见表 3-3。

表 3-3　资金等值换算公式汇总

公式名称		已知	求解	公式	系数名称符号	现金流量图
整付	终值公式	现值 P	终值 F	$F=P(1+i)^n$	$(F/P, I, n)$	
	现值公式	终值 F	现值 P	$P=F(1+i)^{-n}$	$(P/F, I, n)$	
等额分付	终值公式	年值 A	终值 F	$F=A \times \dfrac{(1+i)^n-1}{i}$	$(F/A, I, n)$	
	偿债基金公式	终值 F	年值 A	$A=F \times \dfrac{i}{(1+i)^n-1}$	$(A/F, i, n)$	
	现值公式	年值 A	现值 P	$P=A \times \dfrac{(1+i)^n-1}{i(1+i)^n}$	$(P/A, i, n)$	
	资本回收公式	现值 P	年值 A	$A=P \times \dfrac{i(1+i)^n}{(1+i)^n-1}$	$(A/P, I, n)$	

（2）利率、名义利率与有效利率

利率是在一个计息周期内所应付出的利息额与本金之比，或是单位本金在单位时间内所支付的利息。

$$i = \frac{I}{P} \times 100\%$$

式中，I 为利息。

设名义利率为 r，在 1 年中计算利息 m 次，则每期的利率为 r/m，假定

年初借款 P,则 1 年后的复本利和为:

$$F = P(1+r/m)^m$$

实际利率可由下式求得:

$$i = \frac{I}{P} = \frac{P(1+r/m)^m - P}{P} = (1+r/m)^m - 1$$

由上式可知,当 $m=1$ 时,实际利率 i 等于名义利率 r,当 m 大于 1 时,实际利率 i 将大于名义利率 r;而且 m 越大,两者相差也越大。

2. 财务评价指标体系

建设项目财务评价指标体系根据不同的标准,可以作不同的分类形式,包括以下几种。

(1)根据是否考虑资金时间价值、进行贴现运算

按照此种分类方法,可将其分为静态分析方法与指标、动态分析方法与指标。静态分析时不考虑资金时间价值、进行贴现运算,动态分析时则考虑。其财务评价指标体系如图 3-8 所示。

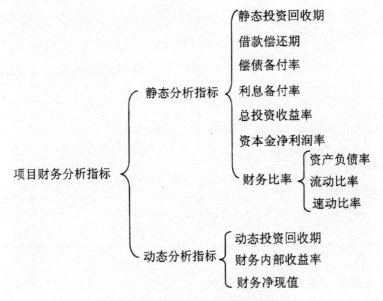

图 3-8　财务评价指标体系(其一)

(2)按照指标的经济性质

可以分为时间性指标、价值性指标、比率性指标,其财务评价指标体系如图 3-9 所示。

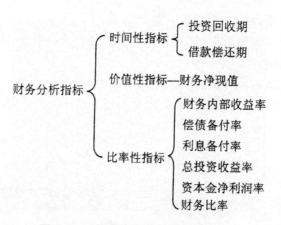

图 3-9　财务评价指标体系(其二)

(3)按照指标所反映的评价内容

可以分为盈利能力分析指标和偿债能力分析指标,其财务评价指标体系如图 3-10 所示。

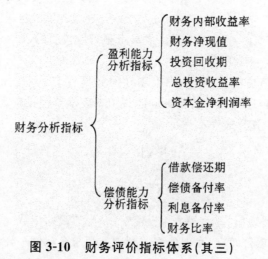

图 3-10　财务评价指标体系(其三)

3. 财务评价指标的具体计算

(1)净现值(NPV)

净现值指的是根据基准收益率,将每年的现金流量折现为建设开始阶段的现值。常根据净现值来评价项目的动态性。具体计算公式表示为:

$$\mathrm{NPV} = \sum_{t=0}^{n} (\mathrm{CI} - \mathrm{CO})_t (1 + i_c)^{-t}$$

式中,NPV 为净现值;$(\mathrm{CI} - \mathrm{CO})_t$ 为第 t 年的净现金流量(应注意"+""−"

号);i_c 为基准收益率;n 为投资方案计算期。

对单一项目方案而言,若 NPV≥0,则项目应予以接受;若 NPV<0,则项目应予以拒绝。

多方案比选时,净现值越大的方案相对越优。

例 3-1 某项目各年的净现金流量如图 3-11 所示,试用净现值指标判断项目的经济性($i_0=10\%$)。

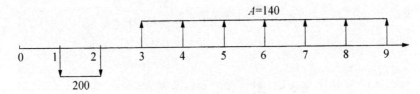

图 3-11 项目净现金流量

解:

$$NPV(i_0=10\%)=-200(P/A,10\%,2)+140(P/A,10\%,7)$$
$$(P/F,10\%,2)=216.15$$

由于 NPV>0,故项目在经济效果上是可以接受的。

(2)净现值率(NPVR)

若不同投资方案的 NPV 均大于 0 但又具有明显不同的投资规模,此时应采用净现值率作为评价指标。净现值率表示单位投资现值能够产生的净现值,具体计算公式表示为:

$$NPVR=\frac{NPV}{I_P}$$

$$I_P=\sum_{t=0}^{m}I_t(P/F,i_c,t)$$

式中,I_P 为投资现值;I_t 为第 t 年投资额;m 为建设期年数。

对于单一项目而言,净现值率的判别准则与净现值一样,对多方案评价时,净现值率越大越好。

例 3-2 试计算图 3-11 所示现金流量的净现值率。

解:

$$I_P=200(P/A,10\%,2)=200\times\frac{(1+10\%)^2-1}{10\%\times(1+10\%)^2}=347.1$$

$$NPVR=\frac{216.15}{347.1}=0.623$$

(3)内部收益率(IRR)

内部收益率指的是项目每年的净现金流量现值累计为 0 时的折现率,

具体计算公式表示为：

$$\sum_{t=0}^{n}(CI-CO)_t(1+IRR)^{-t}=0$$

该指标能够动态反映项目的实际收益率，且指标越大代表项目的收益越好。实际应用中，在基准收益率不超过内部收益率时，该项目具有较强的可行性。

例 3-3　如表 3-4 所示，为某方案净现金流量表。当基准收益率 $i_c=12\%$ 时，试用内部收益率指标判断方案是否可行。

表 3-4　现金流量表　　　　　　　　　　　　　　　　单位：万元

年份	0	1	2	3	4	5
净现金流量	-200	40	60	40	80	80

解：

第一次估算 IRR 的值，设 $i_1=12\%$，

$$\begin{aligned}NPV_1=&-200+40(P/F,12\%,1)+60(P/F,12\%,2)+\\&40(P/F,12\%,3)+80(P/F,12\%,4)+\\&80(P/F,12\%,5)\\=&8.25（万元）\end{aligned}$$

第二次估算 IRR 的值，设 $i_2=15\%$，

$$NPV_2=8.04 \text{ 万元}$$

用线性插入法算出内部收益率 IRR 的近似值。

$$IRR=12\%+8.25\div(8.25+8.04)\times(15\%-12\%)=13.52\%$$

由于 IRR 超过了基准收益率，也就是 $13.52\%>12\%$，因此该方案在经济效果上可行。

(4)净年值(NAV)

净年值通常称为年值，指的是将净现金流量根据基准收益率折算为年末的等额支付序列。具体计算公式表示为：

$$NAV=NPV(A/P,i_c,n)=\sum_{t=0}^{n}(CI-CO)_t(1+i_c)^{-t}(A/P,i_c,n)$$

由于 $(A/P,i_c,n)>0$，所以 NAV 与 NPV 总是同为正或同为负，故 NAV 与 NPV 在评价同一项目时的结论总是一致的，其评价准则是：NAV≥0，从经济角度来看该方案可行；NAV<0，从经济角度来看并不可行。

(5)静态投资回收期(P_t)

所谓静态投资回收期指的是不考虑资金的时间价值因素的回收期。其计算公式可表示为：

$$\sum_{t=0}^{P_t} (CI - CO)_t = 0$$

式中，CI 为现金流入量；CO 为现金流出量；$(CI-CO)_t$ 为第 t 年的净现金流量。

如果投产或达产后的年净收益相等，或用年平均净收益计算时，则投资回收期的表达式转化为：

$$P_t = \frac{TI}{A}$$

式中，TI 为项目总投资；A 为每年的净收益，即 $A = (CI-CO)_t$。

实际上投产或达产后的年净收益不可能都是等额数值，投资回收期可用财务现金流量表中累计净现金流量计算求得。具体计算公式表示为：

$$P_t = T - 1 + \frac{\text{第}(T-1)\text{年累计净现金流量的绝对值}}{\text{第 } T \text{ 年净现金流量}}$$

式中，T 为累计净现金流量出现正值的年份。

设基准投资回收期为 P_c，则判别准则为：若 $P_t \leqslant P_c$，则项目可以接受；若 $P_t > P_c$，则项目应予以拒绝。

(6)投资收益率

①总投资收益率(ROI)，是指项目达到设计能力后正常年份的年息税前利润或营运期内年平均息税前利润(EBIT)与项目总投资(TI)的比率。具体计算公式表示为：

$$ROI = \frac{EBIT}{TI} \times 100\%$$

式中，EBIT 为项目达到设计生产能力后正常年份的年息税前利润或运营期内年平均息税前利润，息税前利润＝利润总额＋计入总成本费用的利息费用；TI 为项目总投资。

②项目资本金净利润率(ROE)，是指项目达到设计能力后正常年份的年净利润或运营期内平均净利润(NP)与项目资本金(EC)的比率。具体计算公式表示为：

$$ROE = \frac{NP}{EC} \times 100\%$$

例 3-4 某建设项目初投资 2500 万元，其中 1500 万元为自有资金，建设年限为 3 年，投产前两年每年的总利润为 300 万元，以后每年的总利润为 500 万元，假定利息支出为 0，所得税税率为 25%，基准投资收益率和净利润率均为 18%,判断该方案是否可行。

解：

该方案正常年份的利润总额为 500 万元,故

$$ROI = \frac{500}{2500} \times 100\% = 20\%$$

$$ROE = \frac{500 \times (1 - 25\%)}{1500} \times 100\% = 25\%$$

该方案的总投资收益率和资本金净利润率均超过基准值,故该方案可行。

(7)利息备付率(ICR)

利息备付率是指项目在借款偿还期内,各年可用于支付利息的息税前利润(EBIT)与当期应付利息(PI)费用的比值。具体计算公式表达为：

$$ICR = \frac{EBIT}{PI}$$

式中,PI 为计入总成本费用的全部利息。

(8)偿债备付率(DSCR)

偿债备付率是指项目在借款偿还期内,各年可用于还本付息资金(EBITDA-T_{AX})与当期应还本付息金额(PD)的比值。具体计算公式表达为：

$$DSCR = \frac{EBITDA\text{-}T_{AX}}{PD}$$

式中,EBITDA 为息税前利润加折旧和摊销；T_{AX} 为企业所得税；PD 为应还本付息金额。

例 3-5　某企业借款偿还期为 4 年,各项财务数据如表 3-5 所示,试计算偿债备付率和利息备付率。

表 3-5　各项财务数据　　　　　　　　　单位:元

年份	息税前利润加折旧和摊销	利息	折旧	摊销	还本	还本息资金
1	155 174	74 208	102 314	42 543	142 369	155 174
2	204 405	64 932	102 314	42 543	152 143	204 405
3	254 315	54 977	102 314	42 543	162 595	254 315
4	265 493	43 799	102 314	42 543	173 774	245 019

解:

计算结果见表3-6。

表3-6 计算结果

单位:元

年份	息税前利润加折旧和摊销	息税前利润	付息	税前利润	所得税	税后利润	折旧	摊销	还本	还本息资金
1	155 174	10 317	74 208	−63 981	0	−63 891	102 314	42 543	142 369	155 174
2	204 405	59 548	64 932	−5 384	0	−5 384	102 314	42 543	152 143	204 405
3	254 315	109 458	54 977	−54 481	0	54 481	102 314	42 543	162 595	254 315
4	265 493	120 636	43 799	76 831	20 474	56 363	102 314	42 543	173 774	245 019

3.4.3 基本财务报表的编制

1. 资产负债表

资产负债表是指综合反映项目计算期各年年末资产、负债和所有者权益的增减变化以及对应关系的一种报表,如表3-7所示。

表3-7 资产负债表

单位:万元

序号	项目	计算期					
		1	2	3	4	⋯	n
1	资产						
1.1	流动资产总额						
1.1.1	货币资金						
1.1.2	应收账款						
1.1.3	预付账款						
1.1.4	存货						
1.1.5	其他						
1.2	在建工程						
1.3	固定资产净值						

· 54 ·

续表

序号	项目	计算期					
		1	2	3	4	⋯	n
1.4	无形及其他资产净值						
2	负债及所有者权益						
2.1	流动负债总额						
2.1.1	短期借款						
2.1.2	应付账款						
2.1.3	预收账款						
2.1.4	其他						
2.2	建设投资借款						
2.3	流动资金借款						
2.4	负债小计(2.1＋2.2＋2.3)						
2.5	所有者权益						
2.5.1	资本金						
2.5.2	资本公积						
2.5.3	累积盈余公积						
2.5.4	累积未分配利润						
计算指标:资产负债率/(%)							

　　资产负债表中,负债包括流动负债总额、建设投资借款流动资金借款。其中,应付账款指项目建设和运营中购进商品或接受外界提供劳务、服务而未付的欠款。流动资金借款是指从银行或其他金融机构借入的短期贷款。建设投资借款指项目建设期用于固定资产方面的期限在 1 年以上的银行借款、抵押贷款和向其他单位的借款。

　　资产负债表分析可以提供四个方面的财务信息:项目所拥有的经济资源,项目所负担的债务,项目的债务清偿能力以及项目所有者所享有的权益。

2. 利润与利润分配表

　　利润与利润分配表是反映项目计算期内各年的营业收入、总成本费用、利润总额、所得税及税后利润分配情况的重要财务报表,如表 3-8 所示。

表 3-8　利润与利润分配表　　　　　单位:万元

序号	项目	合计	计算期					
			1	2	3	4	…	n
1	营业收入							
2	营业税金及附加							
3	总成本费用							
4	补贴收入							
5	利润总额(1−2−3+4)							
6	弥补以前年度亏损							
7	应纳税所得额(5−6)							
8	所得税							
9	净利润(5−8)							
10	期初未分配利润							
11	可供分配利润(9+10)							
12	提取法定盈余公积金							
13	可供投资者分配利润(11−12)							
14	应付优先股股利							
15	提取任意盈余公积金							
16	应付普通股股利(13−14−15)							
17	各投资方利润分配							
18	未分配利润(13−14−15−17)							
19	息税前利润(利润总额+利息支出)							
20	息税折旧摊销前利润 (息税前利润总额+折旧+摊销)							

　　所得税后利润的分配按照下列顺序进行:①提取法定盈余公积金;②向投资者分配优先股股利;③提取任意盈余公积金;④向各投资方分配利润,也就是应付普通股股利;⑤未分配利润指的是由可供分配利润扣除以上各项应付利润后的余额。

3. 现金流量表

(1)项目投资现金流量表

项目投资现金流量表是从项目投资总获利能力角度,考察项目方案设计的合理性,如表3-9所示。计算期的年序为1,2,…,n,建设开始年作为计算期的第1年,年序为1。

表3-9　项目投资现金流量表　　　　单位:万元

序号	项目	合计	计算期					
			1	2	3	4	…	n
1	现金流入							
1.1	营业收入							
1.2	补贴收入							
1.3	回收固定资产余值							
1.4	回收流动资金							
2	现金流出							
2.1	建设投资							
2.2	流动资金							
2.3	经营成本							
2.4	营业税金及附加							
2.5	维持运营投资							
3	所得税前净现金流量(1-2)							
4	累积所得税前净现金流量调整所得税							
5	调整所得税							
6	所得税后净现金流量(3-5)							
7	累积所得税后净现金流量							

计算指标:

项目投资财务内部收益率(%)(所得税前)

项目投资财务内部收益率(%)(所得税后)

项目投资财务净现值(所得税前)(i_c=%)

项目投资财务净现值(所得税后)(i_c=%)

项目投资回收期/年(所得税前)

项目投资回收期/年(所得税后)

（2）项目资本金现金流量表

资本金现金流量表是在投资金额的基础上,以项目投资方的观点考虑问题,将本金偿还和利息支付视作现金流出,从而评判项目的内部收益率,该指标可以反映项目投资的盈利能力,如表 3-10 所示。

表 3-10　项目资本金现金流量表　　　　　单位:万元

序号	项目	合计	计算期					
			1	2	3	4	…	n
1	现金流入							
1.1	营业收入							
1.2	补贴收入							
1.3	回收固定资产余值							
1.4	回收流动资金							
2	现金流出							
2.1	项目资本金							
2.2	借款本金偿还							
2.3	借款利息支付							
2.4	经营成本							
2.5	营业税金及附加							
2.6	所得税							
2.7	维持运营投资							
3	净现金流量(1—2)							
计算指标: 资本金财务内部收益率(%)								

（3）投资各方现金流量表

投资各方现金流量表主要考察投资各方的投资收益水平,投资各方通过计算投资各方财务内部收益率,分析项目融资后投资各方投入资本的盈利能力,如表 3-11 所示。

表 3-11　投资各方现金流量表　　　　　单位:万元

序号	项目	合计	计算期					
			1	2	3	4	...	n
1	现金流入							
1.1	实分利润							
1.2	资产处置收益分配							
1.3	租赁费收入							
1.4	技术转让或使用收入							
1.5	其他现金流入							
2	现金流出							
2.1	实缴资本							
2.2	租赁资产支出							
2.3	其他现金流出							
3	净现金流量(1-2)							
计算指标: 投资各方财务内部收益率(%)								

4. 财务外汇平衡表

财务外汇平衡表适用于有外汇收支的项目,用于反映项目计算期内各年外汇余缺程度,进行外汇平衡分析,如表 3-12 所示。

表 3-12　财务外汇平衡表　　　　　单位:万元

序号	项目	合计	建设期		投产期		达到设计能力生产期			
			1	2	3	4	5	6	...	n
	生产负荷/%									
1	外汇来源									
1.1	产品收入外汇收入									
1.2	外汇借款									
1.3	其他外汇收入									

续表

序号	项目	合计	建设期		投产期		达到设计能力生产期			
			1	2	3	4	5	6	⋯	n
2	外汇应用									
2.1	固定资产投资中外汇支出									
2.2	进口原材料									
2.3	进口零部件									
2.4	技术转让费									
2.5	偿付外汇借款本息									
2.6	其他外汇支出									
2.7	外汇余缺									

注:1. 其他外汇收入包括自筹外汇等。
 2. 技术转让费是指生产期支付的技术转让费。

3.4.4 建设项目不确定性分析

为了尽量避免投资决策失误,有必要进行不确定性分析与风险分析,提出项目风险的预警、预报和相应的对策,为投资决策服务。

1. 盈亏平衡分析

盈亏平衡分析是通过项目盈亏平衡点(BEP)分析项目成本与收益的平衡关系的一种方法。

盈亏平衡点又称为保本点,是指产品销售收入等于产品总成本费用,即产品不亏不盈的临界状态。盈亏平衡点越低,表明项目适应市场变化的能力越大,抗风险能力越强。在这里只简单介绍线性盈亏平衡分析。

线性盈亏平衡分析只在下述前提条件下才能适用:
①单价与销售量无关。
②可变成本与产量成正比,固定成本与产量无关。
③产品不积压。

盈亏平衡分析就是要找出盈亏平衡点。确定线性盈亏平衡点的方法有图解法和代数法。

（1）图解法

图解法是将销售收入、固定成本、可变成本随产量（销售量）变化的关系画出盈亏平衡图，在图上找出盈亏平衡点。

盈亏平衡图是以产量（销售量）为横坐标，以销售收入和产品总成本费用（包括固定成本和可变成本）为纵坐标绘制的销售收入曲线和总成本费用曲线。两条曲线的交点即为盈亏平衡点。与盈亏平衡点对应的横坐标，即为以产量（销售量）表示的盈亏平衡点。在盈亏平衡点的右方为盈利区，在盈亏平衡点的左方为亏损区。随着销售收入或总成本费用的变化，盈亏平衡点将随之上下移动（如图 3-12 所示）。

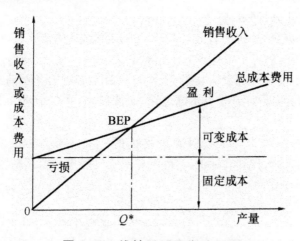

图 3-12　线性盈亏平衡分析图

（2）代数法

代数法是将销售收入的函数和总成本费用的函数，用数学方法求出盈亏平衡点。

年销售收入＝（单位产品售价－单位产品销售税金及附加）×年产量

年总成本费用＝年固定成本＋单位可变成本×年产量

因为，年销售收入＝年总成本费用

（单位产品售价－单位产品销售税金及附加）×年产量

＝年固定成本＋单位可变成本×年产量

所以，以产量表示的盈亏平衡点计算公式为：

$$BEP（产量）＝\frac{年固定成本}{单位产品售价－单位产品销售税金及附加－单位可变成本}$$

以单位售价表示的盈亏平衡点的计算公式为：

$$BEP（单位售价）＝\frac{年固定成本＋单位产品成本×年产量}{年产量×（1－销售税金及附加税率）}$$

以生产能力利用率表示的盈亏平衡点的计算公式为：

$$BEP(生产能力利用率)=\frac{BEP(产量)}{设计生产能力的产量}\times100\%$$

2. 敏感性分析

(1)敏感性分析的概念和作用

敏感性是指影响方案的因素中一个或几个估计值发生变化时,引起方案经济效果的相应变化,以及变化的敏感程度。分析各种变化因素对方案经济效果影响程度的工作称为敏感性分析。

(2)敏感性分析的步骤

①确定敏感性分析的研究对象。一般应根据具体情况,选用能综合反映项目经济效果的评价指标作为研究对象。

②选择不确定性因素。在财务分析过程中,各种财务基础数据都是估算和预测得到的,因此都带有不确定性,如投资额、单价、产量等都为不确定性因素。

③计算各不确定性因素对评价指标的影响。当不确定性因素变动5%、10%、20%时,计算其评价指标,反映其变动程度。可用敏感度系数(变化率)表示。

$$敏感度系数=\frac{评价指标变化率}{不确定因素变化率}$$

④确定敏感性因素。敏感度系数的绝对值越大,表示该因素的敏感性越大,抗风险能力越弱。对敏感性较大的因素,在实际工程中要严加控制和掌握。

进行敏感性分析时,常采用如下方法:一种是单因素分析法,此法仅考虑一个因素发生变化,其他因素并未变化,会对经济效果指标产生何种影响。多因素敏感性分析考虑各个不确定性因素均发生改变,且具有相同的可能性,会对经济效果指标产生何种影响。常用敏感性分析图来表示分析结果,如图 3-13 所示。

某因素对全部投资内部收益率的影响曲线越接近纵坐标,表明该因素敏感性较大;某因素对全部投资内部收益率的影响曲线越接近横坐标,表明该因素敏感性较小。对经济效果指标的敏感性影响大的那些因素,在实际工程中要严加控制和掌握,以免影响直接的经济效果;对于敏感性较小的那些影响因素,稍加控制即可。

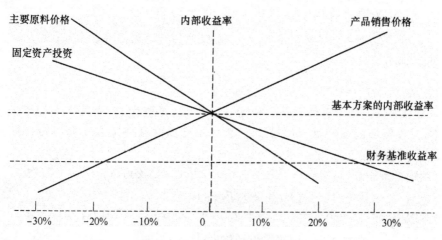

图 3-13　敏感性分析示意图

例 3-6　如表 3-13 所示,为某投资项目的现金流量基本数据表,所采用的数据是根据未来最可能出现的情况预测估算的。由于对未来影响经济环境的某些因素把握不大,投资额、经营成本和产品价格的浮动范围不超过 20%。设基准折现率 $i_c = 10\%$。

表 3-13　某投资项目现金流量基本数据表　　　　单位:万元

序号	项目	年份			
		0	1	2~10	11
1	投资	15 000			
2	销售收入			22 000	22 000
3	经营成本			15 200	15 200
4	增值税及附加=销售收入×10%			2 200	2 200
5	期末残值	0		0	2 000
6	净现金流量	−15 000	0	4 600	6 600

分别就投资额、经营成本和产品价格等影响因素对该投资方案进行敏感性分析。

解:

选择净现值为敏感性分析的对象,由净现值计算公式,计算出初始条件下项目的净现值。

$$NPV = -15\ 000 + (22\ 000 - 2\ 200 - 15\ 200) \times$$

$$\frac{(1+10\%)^{10}-1}{10\%(1+10\%)^{10}}(1+10\%)^{-1} + 2\ 000 \times (1+10\%)^{-11}$$

$$= 11\ 396(万元) > 0$$

故从经济上来看,该方案是合理的。

对项目进行敏感性分析。取定 3 个因素:投资额、产品价格和经营成本,设投资额的变动百分比为 x,经营成本变动的百分比为 y,产品变动的百分比为 z,则

$$NPV_1 = -15\ 000(1+x) + (22\ 000 - 2\ 200 - 15\ 200)(P/A,10\%,10)$$
$$(P/F,10\%,1) + 2\ 000(P/F,10\%,11)$$

$$NPV_2 = -15\ 000 + [22\ 000 - 2\ 200 - 15\ 200(1+y)](P/A,10\%,10)$$
$$(P/F,10\%,1) + 2\ 000(P/F,10\%,11)$$

$$NPV_3 = -15\ 000 + [(22\ 000 - 2\ 200)(1+z) - 15\ 200](P/A,10\%,10)$$
$$(P/F,10\%,1) + 2\ 000(P/F,10\%,11)$$

分别取不同的 x、y、z 值,按 $\pm 10\%$、$\pm 20\%$ 的变化幅度变动,进而计算相应的净现值的变化。计算结果见表 3-14。

表3-14　不确定性因素的变动对净现值的影响　　　　单位:万元

不确定性因素	净现值变动率						
	-20%	-10%	0	10%	20%	平均1%	平均-1%
投资额	14 394	12 894	11 396	9 894	8 394	−150	150
经营成本	28 374	19 884	11 396	2 904	−5 586	−849	849
产品价格	−10 725	335	11 396	22 453	33 513	1 105.95	−1 105.95

从表 3-14 中的数据分析可知,3 个因素中产品价格的变动对净现值的影响最大,产品价格平均变动 1%,净现值平均变动 1 105.95 万元;其次是经营成本;投资额的变动对净现值的影响最小。即按敏感程度排序,依次是产品价格、经营成本、投资额,最敏感的因素是产品价格。

第4章 工程建设项目设计
阶段造价控制

对工程项目的规划设计,从根本上影响着工程投资、工程进度等。在设计阶段造价控制过程中,对设计方案进行优选和优化,才能有效地控制整个项目的造价,提高项目的经济效益。

4.1 概 述

拟建项目经过投资决策阶段后,设计阶段就成为工程造价控制的关键阶段。在选择与优化设计方案时,不仅要考虑建设成本,还要考虑运营成本,使工程项目能以最低的生命周期成本可靠地实现使用者所需的功能。在设计阶段造价控制的主要内容是:占地面积、功能分区、运输方式、技术水平、建筑物的平面形状、层高、层数、柱网布置等。

4.1.1 工程设计的含义

工程设计是建设程序的首要环节,在建设初期,以通过审批的设计任务书为指导,为了使工程项目达到预定的经济和技术目标,对建筑过程、设备安装等过程做出一定的规划,设计出合理的施工图纸和数据规范等。

4.1.2 设计阶段造价控制的主要工作内容

建设项目设计工作的程序包括设计准备、方案设计、初步设计、技术设计、施工图设计、设计交底和配合施工等方面。建设项目设计的各个工作阶段造价控制的内容又有所不同。

1. 设计准备

设计人员与造价咨询人员密切合作,通过对项目建议书和可行性研究报告内容的分析,了解业主方对设计的总体思路和项目利益相关者的不同要求,充分了解和掌握各种有关的外部条件和客观情况,还要考虑工程已具备的各项使用要求。

2. 方案设计

由设计人员对拟建项目与所处区域的建筑物、自然环境可能产生的影响进行分析,通过与有关部门沟通,在保证拟建项目不会妨碍周边环境的情况下,提出主要布局的总体构想。

3. 初步设计

在初步设计阶段,需要规定拟建项目的具体工作范围,从技术和经济的角度分析在约定时间内完成项目的可行性和合理性,确定施工的技术方案、工程总造价以及其他技术经济指标。进行初步设计是完成整体设计构思的必要环节。

4. 技术设计

在此阶段,需要对技术方案的具体细节进行完善,使其可以用于解决主要的技术问题,可以用于确定建设项目建设材料采购清单。

5. 施工图设计

施工图设计阶段是使设计工作转化为施工工作的关键环节。施工图设计的主要内容有具体工程的设计图纸、设备零件的明细表和验收方法等。在此过程中,应符合施工图编制、工程施工和安装的具体规范。

6. 设计交底和配合施工

设计人员应向建设单位进行设计交底,向其阐述设计意图和有关要求,与业主、施工人员一起解决施工过程的疑难问题,完善设计图纸。项目试运转和竣工验收阶段,也应由设计人员配合解决此过程中的问题。

工程造价贯穿于建设项目的全过程,但进行全过程控制要突出重点,而设计阶段恰恰是其控制的关键阶段。如图 4-1 所示,不同的设计阶段对工程造价的影响不一样,虽然通常设计费只能占到工程全部费用的 1%,但是它对工程造价的影响程度可以达到 75% 以上。

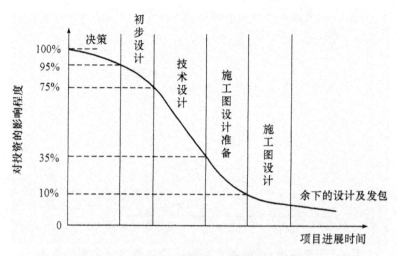

图 4-1　项目各阶段对投资的影响程度图

4.2　设计方案的优选与限额设计

4.2.1　设计方案优选的原则

优化设计一般是在设计阶段进行的,包括初步设计、技术设计、施工图设计阶段。在设计优化过程中,需要对整个设计方案、局部设计方案和局部结构设计进行优化。

1. 应能协调技术先进性和经济合理性

为了提高设计方案技术的先进性,势必会投入更多的资金,这会增加工程造价;而只注重提高经济效益,会减少用于项目建设的资金投入,影响项目的具体功能,甚至会影响工程验收。这样看来,平衡好技术先进性和经济合理性是优选方案时首要考虑的因素。具体来说,需要在达到施工要求的基础上控制项目投入;若能够投入金额是一定的,就需要在该范围内,实现最高的技术要求。

2. 兼顾建设与使用并考虑项目全寿命费用

工程造价、使用成本与项目功能水平之间的关系可表示为图 4-2。在设计阶段,应综合考虑工程造价和使用成本,达到最低的全寿命费用。

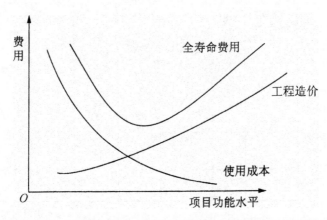

图 4-2　工程造价、使用成本与项目功能水平之间的关系

3. 兼顾近期与远期的要求

工程项目会带来较为长期的经济收益或起到其他实用功能,因此,在设计时应综合考虑对项目近期和远期的要求,使其发挥最为合理的功能。

4.2.2　运用综合评价法优选设计方案

综合评价法(Comprehensive Evaluation Method)又称作多变量综合评价法,指的是基于不同的评价指标来评价不同参评单位的方法。

根据建设项目的具体性质和用途,确定适用于设计方案的评价指标和所占的权重,分别给出相应的评分标准,根据项目的实际情况进行打分,得到不同设计方案的加权分数,其中加权分数最高的即为最优方案。具体计算时,采用如下公式:

$$S = \sum_{i=1}^{n} W_i \cdot S_i \qquad (4\text{-}1)$$

式中,S 为设计方案总得分;S_i 为某方案在评价指标 i 上的得分;W_i 为评价指标 i 的权重;n 为评价指标数。

例 4-1　某住宅项目有 A、B、C、D 四套设计方案,从中选出最优设计方案,在评审时考查的评价指标为实用性、安全性、经济性、技术性和美观性,各评价指标、权重和评分值如表 4-1 所示。试用综合评价法选择最优设计方案。

表 4-1　各设计方案评价指标得分表

评价指标		权重	A	B	C	D
适用	平面布置	0.1	9	10	8	10
	采光通风	0.07	9	9	10	9
	层高层数	0.05	7	8	9	9
安全	牢固耐用	0.08	9	10	10	10
	"三防"设施	0.05	8	9	9	7
美观	建筑造型	0.13	7	9	8	6
	室外装修	0.07	6	8	7	5
	室内装修	0.05	8	9	6	7
技术	环境设计	0.1	4	6	5	5
	技术参数	0.05	8	9	7	8
	便于施工	0.05	9	7	8	8
	易于设计	0.05	8	8	9	7
经济	单方造价	0.15	10	9	8	9

解：

采用综合评价法，分别计算四套设计方案的综合得分，计算结果见表 4-2。

表 4-2　A、B、C、D 四套设计方案评价结果计算表

评价指标		权重	A	B	C	D
适用	平面布置	0.1	9×0.1	10×0.1	8×0.1	10×0.1
	采光通风	0.07	9×0.07	9×0.07	10×0.07	9×0.07
	层高层数	0.05	7×0.05	8×0.05	9×0.05	9×0.05
安全	牢固耐用	0.08	9×0.08	10×0.08	10×0.08	10×0.08
	"三防"设施	0.05	8×0.05	9×0.05	9×0.05	7×0.05
美观	建筑造型	0.13	7×0.13	9×0.13	8×0.13	6×0.13
	室外装修	0.07	6×0.07	8×0.07	7×0.07	5×0.07
	室内装修	0.05	8×0.05	9×0.05	6×0.05	7×0.05

续表

	评价指标	权重	A	B	C	D
技术	环境设计	0.1	4×0.1	6×0.1	5×0.1	5×0.1
	技术参数	0.05	8×0.05	9×0.05	7×0.05	8×0.05
	便于施工	0.05	9×0.05	7×0.05	8×0.05	8×0.05
	易于设计	0.05	8×0.05	8×0.05	9×0.05	7×0.05
经济	单方造价	0.15	10×0.15	9×0.15	8×0.15	9×0.15
综合得分		1	7.88	8.61	7.93	6.81

根据表 4-2 的计算结果可知,设计方案 B 的综合得分最高,故方案 B 为最优设计方案。

4.2.3 运用价值工程优化设计方案

1. 价值工程原理

价值工程是通过分析产品的具体功能,使其能够依靠最低的寿命周期成本,实现产品的功能要求。可将价值用下面的式子进行表达:

$$价值(V)＝功能(F)/成本(C)$$

这里的功能指必要功能,成本指寿命周期成本(包括生产成本和使用成本),价值指寿命周期成本投入所获得的产品必要功能。

2. 价值工程在工程设计中的应用

在设计过程中,应用价值工程分析功能与成本的关系,以提高设计项目的价值系数。

例 4-2 试以某商场建设为对象,说明价值工程在设计中的应用。

解:

(1)对商场进行功能定义和评价

把商场作为一个完整独立的"产品"进行功能定义和评价,考虑如下因素:平面布局,采光通风,防火、防震和防烟设施,牢固耐用,建筑造型,室外装修,室内装饰,环境设计,容易清洁,技术参数。确定相对重要系数可用多种方法,这里采用业主、客户、设计三家加权评分法,把业主的意见放在首位,结合客户、设计单位的意见综合评分。其"权数"分别定为 50％、35％和 15％,并求出重要系数,见表 4-3。

表 4-3　功能重要系数的评分

功能		业主评分		客户评分		设计单位评分		重要系数 φ
		得分 F_1	$F_1 \times 0.5$	得分 F_{11}	$F_{11} \times 0.35$	得分 F_{111}	$F_{111} \times 0.15$	
适用	平面布局	40	20	37	12.95	35	5.25	0.382
	采光通风	12	6	10	3.5	8	1.2	0.107
安全	牢固耐用	20	10	20	7	15	2.25	0.192 5
	防火、防震和防烟设施	8	4	8	2.8	10	1.5	0.083
美观	建筑造型	5	2.5	6	2.1	8	1.2	0.058
	室外装修	3	1.5	8	2.8	7	1.05	0.053 5
	室内装饰	3	1.5	5	1.75	4	0.6	0.038 5
其他	环境设计	4	2.0	3	1.05	5	0.75	0.038
	容易清洁	3	1.5	2	0.7	3	0.45	0.026 5
	技术参数	2	1.1	1	0.35	5	0.75	0.021
合计		100	50	100	35	100	15	1

（2）方案创造

根据地质等其他条件，提供多种方案，拟选用表 4-3 所列的五个方案作为评价对象。

（3）求成本系数 C

某方案成本系数 C＝某方案成本（或造价）/各方案成本（或造价）之和，A 方案成本系数＝2 100/（2 100＋1 750＋1 850＋1 900＋2 000）＝2 100/9 600＝0.218 8。以此类推，分别求出 B、C、D、E 方案的成本系数，见表 4-4。

表 4-4　五个方案的特征和造价

方案名称	主要特征	单方造价	成本系数
A	4 层框架结构，底层层高 6m，上部层高 4.5m，240mm 内外砖墙，桩基础，半地下室储存间，外装修好，室内设备较好	2 100	0.218 8
B	4 层框架结构，底层层高 5m，上部层高 4m，240mm 内外砖墙，120mm 非承重内砖墙，独立基础，外装修较好	1 750	0.182 3

方案名称	主要特征	单方造价	成本系数
C	4 层框架结构,底层层高 5m,上部层高 4m,240mm 内外砖墙,沉管灌注桩基础,外装修一般,内装修和设备较好,半地下室储存间	1 850	0.192 7
D	3 层框架结构,底层层高 5m,上部层高 4m,空心砖内墙,独立基础,装修及设备一般	1 900	0.197 9
E	4 层框架结构,底层层高 6m,上部层高 4m,240mm 内外砖墙,120mm 非承重内砖墙,独立基础,外装修较好	2 000	0.208 3

（4）求功能评价系数 F

按照功能重要程度,采用 10 分制加权评分法,对五个方案的 10 项功能的满足程度分别评定分数,见表 4-5。

表 4-5　五个方案功能满足程度评分

评价因素		A	B	C	D	E
功能因数	重要系数 φ					
F_1	0.382	10	10	9	8	9
F_2	0.107	9	7	8	8	9
F_3	0.192 5	10	9	8	9	10
F_4	0.083	10	10	10	10	10
F_5	0.058	9	8	8	8	9
F_6	0.053 5	9	8	8	8	9
F_7	0.038 5	9	9	8	8	9
F_8	0.038	9	9	9	9	9
F_9	0.026 5	10	10	9	10	9
F_{10}	0.021	6	8	9	6	6
方案总分		9.621	9.145	8.634	8.407 5	9.212 5
功能评价系数		0.213 7	0.203 1	0.191 8	0.186 8	0.204 6

(5)求出价值系数(V)并进行方案评价

按 $V=F/C$ 分别求出各方案价值系数,见表 4-6。由表 4-6 可见,B 方案价值系数最大,故 B 方案为最佳方案。

表 4-6 方案价值系数的计算

方案名称	功能评价系数 F	成本系数 C	价值系数 V	最优
A	0.213 7	0.218 8	0.976 7	
B	0.203 1	0.182 3	1.114	最佳方案
C	0.191 8	0.192 7	0.995 3	
D	0.186 8	0.197 9	0.943 9	
E	0.204 6	0.208 3	0.982 2	

4.2.4 限额设计

1. 限额设计的概念

所谓限额设计就是按照批准的可行性研究报告及投资估算控制初步设计,按照批准的初步设计概算控制施工图设计,按照施工图预算对施工图设计的各个专业设计文件做出决策。限额设计并不是盲目追求低造价,而是保证建设项目在满足其功能要求的前提下控制工程造价,节约投资。在整个设计过程中,设计人员与经济管理人员必须密切配合,在每个设计阶段都从功能和成本两方面进行综合考虑、评价,使功能与造价互相平衡、协调,从而优化设计方案。

2. 限额设计全过程

限额设计的全过程实际上就是对工程项目投资目标管理的过程,即目标分解与计划、目标实施、目标实施检查、信息反馈的控制循环过程,如图 4-3 所示。

3. 限额设计的全过程控制

限额设计是工程建设领域控制投资支出,有效使用建设资金的重要措施,在一定阶段一定程度上很好地解决了工程项目在建设过程中技术与经济相统一的关系。限额设计的全过程实际上是建设项目投资目标管理的过程,造价全过程控制体现在设计阶段的限额设计应层层展开,纵向到底,横向到边,即限额设计的纵向控制和横向控制。

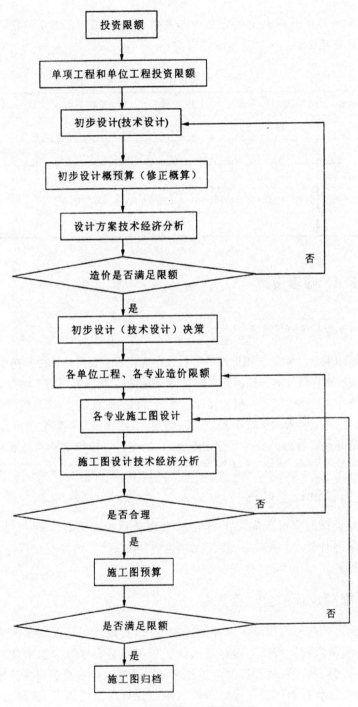

图 4-3　限额设计流程图

（1）限额设计的纵向控制

限额设计的纵向控制，是指随着勘察设计阶段的不断深入，即从可行性研究、初步设计、技术设计到施工图设计阶段，各个阶段中都必须贯穿限额设计。限额设计纵向控制的主要工作如下：

①以审定的可行性研究阶段的投资估算，作为初步设计阶段限额设计的目标。

②以批准的初步设计概算，作为施工图设计阶段限额设计的目标。

③加强设计变更管理，把设计变更尽量控制在施工图设计阶段。

（2）限额设计的横向控制

横向控制的内容包括健全责任分配制度和健全奖罚制度。明确设计单位内部各专业科室对限额设计所负的责任，建立、健全设计院内部的院级、项目经理级、室主任级"三级"管理制度。为使限额设计落到实处，应建立、健全奖罚制度，对于设计单位和设计人员在保证工程功能水平和工程安全的前提下，采用新工艺、新材料、新设备、新技术优化设计方案，节约项目投资额，按节约投资额的大小，给予设计单位和设计人员奖励；对于设计单位设计错误、由于设计原因造成的较大的设计变更，导致投资额超过了目标控制限额，按超支比例扣除相应的设计费用。

4.3　设计概算的编制与审查

4.3.1　设计概算的内容

设计概算是以初步设计文件为依据，按照规定的程序、方法和依据，对建设项目总投资及其构成进行的概略计算。

设计概算是由单个到综合，局部到总体，逐级编制，层层汇总而成的。当建设项目为一个单项工程时，可采用单位工程概算、总概算两级概算编制形式。三级概算之间的相互关系和费用构成，如图 4-4 所示。

1. 单位工程概算

单位工程概算是以初步设计文件为依据，按照规定的程序、方法和依据，计算单位工程费用的成果文件，是编制单项工程综合概算的依据，是单项工程综合概算的组成部分。

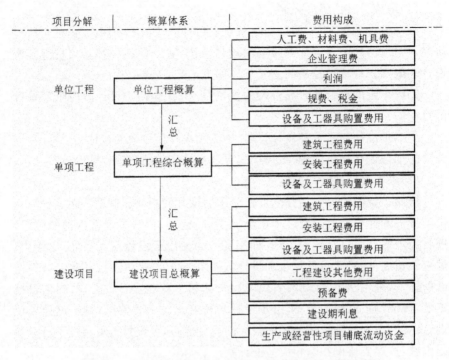

图 4-4 三级设计概算之间的相互关系和费用构成图

2. 单项工程综合概算

单项工程综合概算是以初步设计文件为依据,将组成单项工程的各个单位工程概算汇总得到单项工程费用的成果文件,是建设项目总概算的组成部分。单项工程综合概算的组成内容如图 4-5 所示。

3. 建设项目总概算

建设项目总概算是确定整个建设项目从筹建到竣工验收所需全部费用的文件,如图 4-6 所示。

4.3.2 单位工程设计概算的编制

单位工程概算是计算一个独立建筑物中每个专业工程所需的工程费用。

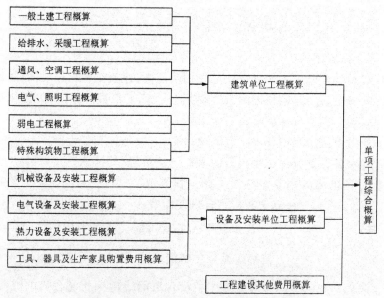

图 4-5　单项工程综合概算的组成内容

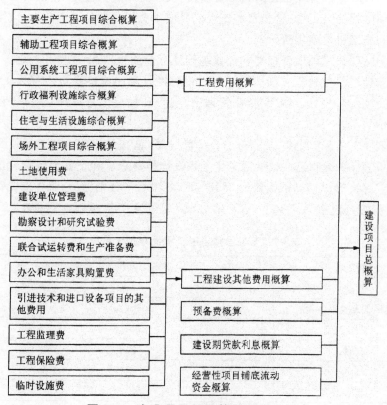

图 4-6　建设项目总概算的组成内容

1. 单位建筑工程概算的编制方法

(1)概算定额法

当初步设计或扩大初步设计具有相当深度,建筑结构比较明确,图纸的内容比较齐全、完善,能根据图纸资料划分计算工程量时,可以采用概算定额编制概算。具体步骤如下:

①列出单位工程中分项工程的项目名称,并计算其工程量。

②确定各分部分项工程项目的概算定额单价,其计算公式为:

$$概算定额单价 = 概算定额人工费 + 概算定额材料费 +$$
$$概算定额机械台班使用费$$
$$= \sum(概算定额中人工消耗量 \times 人工单价) +$$
$$\sum(概算定额中材料消耗量 \times 材料预算单价) +$$
$$\sum(概算定额中机械台班消耗量 \times 机械台班单价)$$

③计算分部分项工程的人工费、材料费和施工机具使用费,汇总各个分部分项工程的人工费、材料费和施工机具使用费得到单位工程的人工费、材料费和施工机具使用费。

④按照一定的取费标准和计算基础计算企业管理费、规费和税金。

⑤计算单位建筑工程概算造价。将已经计算出来的单位工程人工费、材料费和施工机具使用费、企业管理费、规费和税金汇总,得到单位工程概算造价。

例 4-3 某市拟建一座 7560m² 的教学楼,请按给出的土建工程量和扩大单价表 4-7 编制出该教学楼土建工程设计概算造价和平方米造价。按有关规定标准计算得到措施费为 38000 元,各项费率分别为:企业管理费费率为 5%,综合税率为 3.48%(以分部分项工程费为计算基础)。

表 4-7　某教学楼土建工程量和扩大单价

分部工程名称	单位	工程量	扩大单价/元
基础工程	10m³	160	2 500
混凝土及钢筋混凝土	10m³	150	6 800
砌筑工程	10m³	280	3 300
地面工程	100m²	40	1 100
楼面工程	100m²	90	1 800
卷材屋面	100m²	40	4 500
门窗工程	100m²	35	5 600

解：

根据已知条件和表 4-7 数据，计算得该教学楼土建工程概算造价，见表 4-8。

表 4-8 某教学楼土建工程概算造价计算表

序号	分部工程或费用名称	单位	工程量	单价/元	合价/元
1	基础工程	$10m^3$	160	2 500	400 000
2	混凝土及钢筋混凝土	$10m^3$	150	6 800	1 020 000
3	砌筑工程	$10m^3$	280	3 300	924 000
4	地面工程	$100m^2$	40	1 100	44 000
5	楼面工程	$100m^2$	90	1 800	162 000
6	卷材屋面	$100m^2$	40	4 500	180 000
7	门窗工程	$100m^2$	35	5 600	196 000
A	分部分项工程费小计	以上 7 项之和			2 926 000
B	企业管理费	A×5%			146 300
C	规费	38 000 元			38 000
D	税金	（A＋B＋C）×3.48%			108 238.44
	概算造价	A＋B＋C＋D			3 218 538.44
	平方米造价	3 218 538.44/7 560			425.73

（2）概算指标法

当初步设计深度不够，不能准确地计算工程量，但是工程采用的技术比较成熟，并且有概算指标可以利用时，可采用概算指标来编制概算，这种方法叫作概算指标法。

概算指标是一种以整个建筑物或构筑物为依据编制的定额，以 m^3、m^2 或座为计量单位，规定人工、材料和机械台班的消耗量标准和造价指标。

编制步骤如下：

①收集编制概算的基础资料，并根据设计图纸计算建筑面积或构筑物的"座"数。

②根据拟建工程项目的性质、规模、结构内容和层数等基本条件，选用相应的概算指标。

③计算工程直接费。

工程直接费＝每百平方米造价指标×建筑面积/100m^2

另一种方法是以概算指标中规定的每 100m² 建筑物面积(或 1000m³)所耗人工工日数、主要材料数量为依据进行计算:

$$100m^2 \text{ 建筑物面积的人工费} = \text{指标规定的工日数} \times \text{本地区人工日单价}$$

$$\begin{matrix} 100m^2 \text{ 建筑物面积的} \\ \text{主要材料费} \end{matrix} = \sum \left(\begin{matrix} \text{指标规定的} \\ \text{主要材料数量} \end{matrix} \times \begin{matrix} \text{地区材料} \\ \text{预算单价} \end{matrix} \right)$$

$$\begin{matrix} 100m^2 \text{ 建筑物面积的} \\ \text{其他材料费} \end{matrix} = \text{主要材料费} \times \begin{matrix} \text{其他材料费占主要} \\ \text{材料费的百分比} \end{matrix}$$

$$\begin{matrix} 100m^2 \text{ 建筑物面积的} \\ \text{机械使用费} \end{matrix} = (\text{人工费} + \text{主要材料费} + \text{其他材料费}) \times \text{机械使用}$$
$$\text{费所占百分比}$$

$$\text{每 } 1m^2 \text{ 建筑面积的直接工程费} = (\text{人工费} + \text{主要材料费} +$$
$$\text{其他材料费} + \text{机械使用费}) \div 100$$

④调整工程直接费,调整费率按工程直接费的百分比计取。

$$\text{调整后工程直接费} = \text{工程直接费} \times \text{调整费率}$$

⑤计算间接费、利润、税金等。

拟建工程结构特征与概算指标有局部差异时的调整。当采用概算指标编制概算时,如果初步设计的工程内容与概算指标规定的内容有局部差异时,就必须对原概算指标进行调整,然后才能使用。调整的方法一般是从原指标的单位造价中减去应换出的原指标,加入应换进的新指标,就成为调整后的单位造价指标。

$$\text{单位面积造价调整指标} = \text{原造价指标单价} - \text{换出结构构件单价} +$$
$$\text{换入结构构件单价}$$
$$\text{换出(入)结构构件单价} = \text{换出(入)结构构件工程量} \times$$
$$\text{相应概算定额地区单价}$$
$$\text{概算直接费} = \text{单位面积造价调整指标} \times \text{建筑面积}$$

例 4-4 某住宅工程建筑面积为 4200m²,按概算指标计算出每平方米建筑面积的土建单位直接费为 1200 元。因概算指标的基础埋深和墙体厚度与设计规定的不同,需要对概算单价进行修正。

解:

修正情况见表 4-9。求出修正后的单位直接费用后再按编制单位工程概算的方法编制出一般土建工程概算。

表 4-9　建筑工程概算指标修正表

序号	结构名称	单位	数量(每 100m² 含量)	单价/元	合价/元
土建工程单位面积造价换出部分:					
1	带形毛石基础 A	m³	18	480.20	8 644.60
2	砖外墙 A	m²	52	580.40	30 180.80
合计	—				38 824.40
土建工程单位面积造价换入部分:					
1	带形毛石基础 B	m³	19.80	480.20	9 507.96
2	砖外墙 B	m²	61.50	580.40	35 694.60
合计	—		—	—	45 202.56
单位直接费修正指标	1 200−38 824.40/100＋45 202.56/100 ＝1 264.78(元/m²)				

（3）类似工程预算法

采用类似工程预算法进行设计概算编制,其主要原理是,参照具有类似技术条件和设计对象的工程项目的造价资料进行编制。

①类似工程造价资料有具体的人工、材料、机械台班的用量时,用其乘以拟建工程所在地的主要材料预算价格、人工单价、机械台班单价,计算出人工、材料、机械使用费,再乘以当地的综合费率,即可得出所需的造价指标。

②类似工程造价资料只有人工、材料、机械台班费用和措施费、间接费时,可采用如下公式进行计算:

$$D=A \cdot K$$
$$K=a\%K_1+b\%K_2+c\%K_3+d\%K_4+e\%K_5$$

式中,D 为拟建工程单方概算造价;A 为类似工程单方预算造价;K 为综合调整系数;$a\%$,$b\%$,$c\%$,$d\%$,$e\%$ 分别为类似工程预算的人工费、材料费、机械台班费、措施费、间接费占预算造价的比重;K_1,K_2,K_3,K_4,K_5 分别为拟建工程地区与类似工程预算造价在各项费用上的差异系数。

2. 设备及安装工程概算的编制方法

设备及安装工程概算费用包括设备购置费和设备安装工程费用。

（1）设备购置费概算编制方法

$$设备购置费概算 = \sum (设备清单中的设备数量 \times 设备原价) \times$$
$$(1 + 运杂费率)$$

或

$$设备购置费概算 = \sum (设备清单中的设备数量 \times 设备预算价格)$$

（2）设备安装工程概算的编制方法

对设备安装工程进行概算编制，需要考虑初步设计的深度，具体可按照下面的方法进行编制：

①预算单价法。初步设计达到较深的阶段，且清单较详细的情况下，则能够按照安装工程预算定额单价进行概算编制。

②扩大单价法。初步设计深度未达到一定要求，且清单有遗漏的情况下，只有主体设备或仅有成套设备重量，可采用主体设备、成套设备的综合扩大安装单价来编制概算。

③概算指标法。初步设计的清单有遗漏，或安装预算单价及扩大综合单价不全，无法采用预算单价法和扩大单价法的情况下，可采用概算指标编制概算。通常依据下面的方法进行计算。

a. 按占设备价值的百分比的概算指标计算。

$$设备安装费 = 设备原价 \times 设备安装费率$$

b. 按每吨设备安装费的概算指标计算。

$$设备安装费 = 设备总吨数 \times 每吨设备安装费$$

c. 按座、台、套、组、根或功能等为计量单位的概算指标计算。

d. 按设备安装工程每平方米建筑面积的概算指标计算。

4.3.3 单项工程综合概算

单项工程综合概算可以用来确定建设单项工程的费用，是进行工程总概算的基本环节，需要对构成单项工程的单位工程进行统计得到。

单项工程综合概算文件包括编制说明和综合概算表。编制说明主要包括编制依据、编制方法、主要设备和材料的数量及其他有关问题。综合概算表是根据单项工程所辖范围内的各单位工程概算等基础资料，按照有关规定的统一表格编制的，如表 4-10 所示。

表 4-10　单项工程综合概算表

序号	概算编号	工程项目或费用名称	设计规模或主要工程量	建筑工程费	设备购置费	安装工程费	合计	其中:引进部分		主要技术经济指标		
								美元	折合人民币	单位	数量	单位价值
一		主要工程										
1	×	××××										
2	×	××××										
		……										
二		辅助工程										
1	×	××××										
2	×	××××										
		……										
三		配套工程										
1	×	××××										
2	×	××××										
		……										
		……										
		单项工程概算费用合计										

编制人：　　　　　　　　　审核人：

4.3.4　建设项目总概算的编制

建设项目总概算是设计文件必不可少的部分,其用于预估建设项目的整个过程中需要花费的总费用。

通常来说,建设项目总概算文件包括如下内容:

①封面、签署页及目录。

②编制说明，包括以下内容。

a. 工程概况：简述建设项目的建设地点、设计规模、建设性质、工程类别、建设期、主要工程内容、主要工程量、主要工艺设备及数量等。

b. 主要技术经济指标：项目概算总投资及主要分项投资、主要技术经济指标等。

c. 资金来源和投资方式。

d. 编制依据。

e. 其他需要说明的问题。

③总概算表。

④各单项工程综合概算书。

⑤工程建设其他费用概算表。

⑥主要建筑安装材料汇总表。

总概算表见表 4-11(适用于采用三级编制形式的总概算)。

表 4-11　总概算表

序号	概算编号	工程项目或费用名称	建筑工程费	设备购置费	安装工程费	其他费用	合计	其中：引进部分		占总投资比例
								美元	折合人民币	
一		工程费用								
1		主要工程								
2		辅助工程								
		………								
3		配套工程								
二		工程建设其他费用								
1										
2										
		………								

续表

序号	概算编号	工程项目或费用名称	建筑工程费	设备购置费	安装工程费	其他费用	合计	其中:引进部分		占总投资比例
								美元	折合人民币	
三		预备费								
四		建设期利息								
		……								
五		流动资金								
		建设项目概算总投资								

编制人:　　　　　　　　　审核人:　　　　　　　　　　　　审定人:

4.3.5　设计概算的审查

1. 审查设计概算的意义

①可以督促相关编制人员遵守国家的有关规定,保障设计概算编制的有效性。

②符合客观经济规律的需要,能够有效增强投资的准确性和合理性。

③可以防止任意扩大建设规模,减少漏项的可能。

④可以正确地确定工程造价,合理地分配投资资金。

2. 设计概算审查的步骤

进行设计概算审查,不仅需要掌握专业知识,还需要能够熟练进行编制概算,一般的审查步骤包括:

(1)概算审查的准备

进行概算审查前,应弄清设计概算的具体组成、编制依据和方法;了解建设规模、设计能力和工艺流程；熟悉设计图纸和说明书、掌握概算费用的构成和有关技术指标；收集概算定额、概算指标、取费标准等文件。

（2）进行概算审查

根据审查的主要内容，分别审查设计概算的编制依据、单位工程设计概算、综合概算、建设工程总概算等。

（3）进行技术经济对比分析

根据设计和概算列明的工程性质、结构类型、建设条件、费用构成、投资比例、占地面积、生产规模、设备数量、造价指标、劳动定员等与其他同类型工程规模进行对比分析，从中找出与同类型工程的差距。

（4）调查研究

了解设计是否经济合理；概算编制依据是否符合现行规定和施工现场实际；有无扩大规模、多估投资或预留缺口等情况，并及时核实概算投资。

（5）积累资料

逐一理清审查过程中发现的问题，收集建成项目的实际成本和有关数据资料等并整理成册，便于以后审查同类工程概算和国家修订概算定额。

4.4　施工图预算的编制与审查

4.4.1　施工图预算的概念

建设项目施工图预算是施工图设计阶段合理确定和有效控制工程造价的重要依据。它是根据拟建工程已批准的施工图纸和既定的施工方法，按照国家现行的预算定额和单位估价表及有关费用定额编制而成。施工图预算应当控制在批准的初步设计概算内，不得任意突破。施工图预算由建设单位委托设计单位、施工单位或中介服务机构编制，由建设单位负责审核，或由建设单位委托中介服务机构审核。

4.4.2　施工图预算的编制方法

1. 单价法

采用单价法编制施工图预算的计算公式如下。

单位工程施工图预算直接工程费 $= \sum$（工程量 × 预算定额单价）

单价法编制施工图预算的步骤如图 4-7 所示。

图 4-7　单价法编制施工图预算步骤

具体步骤如下。

①收集各种编制依据资料。各种编制依据资料包括施工图纸、施工组织设计或施工方案、现行建筑安装工程预算定额、费用定额、统一的工程量计算规则、预算工作手册，以及工程所在地区的材料、人工、机械台班预算价格与调价规定等。

②熟悉施工图纸和定额。只有对施工图和预算定额有全面详细的了解，才能全面准确地计算出工程量，进而合理地编制出施工图预算造价。

③计算工程量。工程量的计算在整个预算过程中是最重要、最繁重的一个环节，不仅影响预算的及时性，更影响预算造价的准确性。计算工程量一般可按下列具体步骤进行。

a. 根据施工图纸的工程内容和定额项目，列出计算工程量的分部分项工程。

b. 根据一定的计算顺序和计算规则，列出计算式。

c. 根据施工图纸尺寸及有关数据，代入计算式进行数学计算。

d. 按照定额中的分部分项工程的计量单位对相应的计算结果的计量单位进行调整，使之一致。

④套用预算定额单价。工程量计算完毕并核对无误后，用所得到的分部分项工程量套用单位估价表中相应的定额基价，相乘后相加汇总便可求出单位工程的直接工程费。

⑤编制工料分析表。根据各分部分项工程的实物工程量和相应定额中的项目所列的用工工日及材料数量，计算出各分部分项工程所需的人工及材料数量；相加汇总便得出该单位工程的所需要的各类人干和材料的数量。

⑥计算其他各项应取费用和汇总造价。按照建筑安装单位工程造价构成的规定费用项目、费率及计费基础分别计算出间接费、利润和税金等，并汇总单位工程造价。

⑦复核。单位工程预算编制完成后，有关人员对单位工程预算进行复核以便及时发现差错，提高预算质量。

⑧编制说明、填写封面。编制说明是编制者向审核者提供编制方面有关情况，包括编制依据、工程性质、内容范围、设计图纸号、所用预算定额编制年份、有关部门的调价文件号、套用单价或补充单位估价表方面的情况及其他需要说明的问题等。封面填写应写明工程名称、工程编号、工程量（建筑面积）、预算总造价及单方造价、编制单位名称及负责人和编制日期等。

2. 实物法

采用实物法编制施工图预算中的直接工程费可用下式进行计算。

$$\begin{aligned} \text{单位工程预算} \atop \text{直接工程费} = &\sum(\text{工程量} \times \text{材料预算定额用量} \times \\ &\text{当时当地材料预算价格}) + \\ &\sum(\text{工程量} \times \text{人工预算定额用量} \times \\ &\text{当时当地人工工资单价}) + \\ &\sum(\text{工程量} \times \text{施工机械预算定额台班用量} \times \\ &\text{当时当地机械台班单价}) \end{aligned}$$

实物法编制施工图预算的步骤如图 4-8 所示。

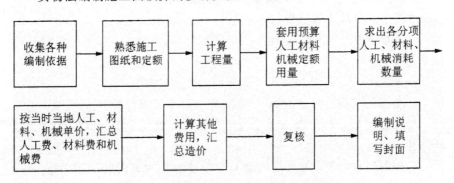

图 4-8　实物法编制施工图预算步骤

由图 4-8 可见，实物法与单价法首尾部分的步骤是相同的，所不同的主要是中间的 3 个步骤。如下为实物法与单价法不同的三个步骤。

①工程量计算后，套用相应预算人工、材料、机械台班定额用量。建设部 1995 年颁发的《全国统一建筑工程基础定额》（土建部分，一部量价分离定额）和现行全过统一安装定额、专业统一和地区统一的计价定额的实物消耗量，是完全符合国家技术规范、质量标准的，并反映一定时期施工工艺水平的分项工程计价所需的人工、材料、施工机械的消耗量标准。

②求出各分项工程人工、材料、机械台班消耗数量，并汇总单位工程所

需各类人工工日、材料和机械台班的消耗量。

③用当时当地的人工、材料和机械台班的实际单价,分别乘以相应的人工、材料和机械台班的消耗量,汇总便得出单位工程的人工费、材料费和机械使用费。

采用实物法编制施工图预算,编制出的预算能比较准确地反映实际水平,误差较小。但工作量较大,计算过程烦琐。实物法将是一种与统一"量"、指导"价"、竞争"费"的工程造价管理机制相适应的行之有效的预算编制方法,因此,实物法是与市场经济体制相适应的预算编制方法。

4.4.3　施工图预算的审查

施工图预算文件的审查,应当委托具有相应资质的工程造价咨询机构进行,从事建设工程施工图审查的人员,应具备相应的执业(从业)资格。施工图预算编制完成后,应经过相关责任人的审查、审核、审定三级审核程序,编制、审查、审核、审定和审批人员应在施工图预算文件上加盖注册造价工程师执业资格专用章或造价员从业资格章,并出具审查意见报告,报告要加盖咨询单位公章。

1. 施工图预算审查的意义

进行施工图预算审查具有如下意义:

①可以合理确定建筑工程造价,为建设单位进行投资分析、施工企业成本分析、银行拨付工程款和办理工程价款结算提供可靠的依据。

②能够有效避免非法套取建设款项的发生,保证合理使用建设款项,进而保护国家和建设单位的利益。

③若施工任务较少,施工单位的选择较少,建设市场处于买方占据有利地位时,对施工图预算进行审查,能够避免出现建设单位过度降低建设造价的情况,保护施工单位的合法权益。

④可以促进工程预算编制水平的提高,使施工企业端正经营思想,从而达到预算管理的目的。

2. 审查施工图预算的内容

施工图预算审查应重点对工程量、工、料、机要素价格、预算单价的套用、费率及计取等进行审查。

①审查施工图预算的编制是否符合现行国家、行业、地方政府有关法律、法规和规定的要求。

②审查工程量计算的准确性、工程量计算规则与计价规范规则或定额规则的一致性。

③审查在施工图预算的编制过程中,各种计价依据使用是否恰当,各项费率的计取是否正确;审查依据主要有施工图设计资料、有关定额、施工组织设计、有关造价文件规定和技术规范、规程等。

④审查各种要素市场价格选用是否合理。

⑤审查施工图预算是否超过概算以及进行偏差分析。

3. 审查施工图预算的方法

审查施工图预算的方法较多,主要包括以下 8 种。

(1)全面审查法

全面审查又叫逐项审查法,就是按预算定额顺序或施工的先后顺序,逐一地全部进行审查的方法。其具体计算方法和审查过程与编制施工图预算基本相同。此方法的优点是全面、细致,经审查的工程预算差错比较少,质量比较高,缺点是工作量大。对于一些工程量比较小、工艺比较简单的工程,编制工程预算的技术力量又比较薄弱,可采用全面审查法。

(2)标准预算审查法

对于利用标准图纸或通用图纸施工的工程,先集中力量编制标准预算,并以此为标准预算审查的方法。按标准图纸设计或通用图纸施工的工程一般上部结构的做法相同,可集中力量细审一份预算或编制一份预算作为这种标准图纸的标准预算,或用这种标准图纸的工程量为标准对照审查,而对局部不同的部分做单独审查即可。这种方法的优点是时间短、效果好、好定案,缺点是只适应按标准图纸设计的工程,适用范围小。

(3)分组计算审查法

分组计算审查法是一种加快审查工程量速度的方法。把预算中的项目划分为若干组,并把相邻且有一定内在联系的项目编为一组,审查或计算同一组中某个分项工程量,利用工程量间具有相同或相似计算基础的关系判断同组中其他几个分项工程量计算的准确程度的方法。

(4)对比审查法

是用已建成工程的预算或虽未建成但已审查修正的工程预算对比审查拟建的类似工程预算的一种方法。对比审查法应根据工程的不同条件,区别对待,一般有以下几种情况。

①两个工程采用同一个施工图,但基础部分和现场条件不同,其新建工程基础以上部分可采用对比审查法,不同部分可分别采用相应的审查方法

进行审查。

②两个工程设计相同但建筑面积不同,根据两个工程建筑面积之比与两个工程分部分项工程量之比例基本一致的特点,可审查新建工程各分部分项工程的工程量。

③两个工程的面积相同但设计图纸不完全相同时,可把相同的部分进行工程量的对比审查,不能对比的分部分项工程按图纸计算。

(5)筛选审查法

筛选法是统筹法的一种,也是一种对比方法。建筑工程虽然有建筑面积和高度的不同,但是它们的各个分部分项工程的工程量、造价、用工量,在每个单位面积上的数值变化不大,把这些数据加以汇集、优选,归纳为工程量、造价(价值)、用工 3 个单方基本指标,并注明其适用的建筑标准。

筛选法的优点是简单易懂,便于掌握,审查速度和发现问题快。此法适用于住宅工程或不具备全面审查条件的工程。

(6)重点抽查法

此法是抓住工程预算中的重点进行审查的方法。审查的重点一般是:工程量大或造价较高、工程结构复杂的工程,补充单位估价表,计取各项费用(计费基础、取费标准等)。重点抽查法的优点是重点突出,审查时间短、效果好。

(7)利用手册审查法

此法是把工程中常用的构配件事先整理成预算手册,按手册对照审查的方法。

(8)分解对比审查法

一个单位工程,按直接费与间接费进行分解,然后再把直接费按工种和分部工程进行分解,分别与审定的标准预算进行对比分析的方法,称为分解对比审查法。

4. 审查施工图预算的步骤

①做好审查前的准备工作包括熟悉施工图纸、了解预算包括的范围、弄清预算采用的单位估价表等。

②选择合适的审查方法,按相应内容审查。由于工程规模、繁简程度不同,施工方法和施工企业情况不一样,所编工程预算的质量也不同,因此,需选择适当的审查方法进行审查。综合整理审查资料,并与编制单位交换意见,定案后编制调整预算。审查后,需要进行增加或核减的,经与编制单位协商,统一意见后,进行相应的修正。

第5章　工程建设项目招投标阶段造价控制

　　建设工程项目招投标是市场经济的产物,是期货交易的一种方式。推行工程招投标的目的,就是要在建筑市场中建立竞争机制,招标人通过招标活动来选择条件优越者,力争用最优的技术、最佳的质量、最低的报价、最短的工期完成工程项目任务,投标人也通过这种方式选择项目和招标人,以使自己获得丰厚的利润。

5.1　概　述

5.1.1　建设项目招投标的概念

　　建设工程招标是指招标人(或招标单位)在发包建设项目之前,以公告或邀请书的方式提出招标项目的有关要求,投标人(或投标单位)根据招标人的意图和要求提出报价,择日当场开标,以便从中择优选定中标人的一种交易行为。

　　建设工程投标是指具有合法资格和能力的投标人(或投标单位)根据招标条件,经过初步研究和估算,在指定期限内填写投标书,根据实际情况提出自己的报价,通过竞争企图为招标人选中,并等待开标,决定能否中标的一种交易方式。

5.1.2　建设项目招标的方式

　　根据《中华人民共和国招标投标法》的规定,工程招标分为公开招标和邀请招标两种方式。

1. 公开招标

公开招标是指招标人在指定的报刊、电子网络或其他媒体上发布招标公告,吸引众多的投标人参加投标竞争,招标人从中择优选择中标单位的招标方式。公开招标是一种无限制的竞争方式,按竞争程度又可以分为国际竞争性招标和国内竞争性招标。公开招标可以保证招标人有较大的选择范围,可在众多的投标人中选定报价合理、工期较短、信誉良好的承包商,有助于打破垄断,实行公平竞争。

2. 邀请招标

邀请招标也称有限竞争投标,是指招标人以投标邀请书的方式邀请特定的法人或者其他组织投标,选择一定数目的法人或其他组织(不少于 3 家)。因邀请招标是选择在施工经验、技术力量、经济和信誉上都比较可靠的投标单位,因而一般能保证进度和质量要求。此外,参加投标的承包商数量少,因而招标时间相对缩短,招标费用也较少。

由于邀请招标在价格和竞争的公平性上仍存在一些不足之处,因此《中华人民共和国招标投标法》规定,国家重点项目和省、自治区、直辖市的地方不宜进行公开招标的重点项目,经过批准后才可以进行邀请招标。

公开招标与邀请招标相比,可以在较大的范围内优选中标人,有利于投标竞争,但招标花费的费用较高、时间较长。采用何种形式招标应在招标准备阶段进行认真研究,主要分析哪些项目对投标人有吸引力,可以在市场中展开竞争。对于明显可以展开竞争的项目,应首先考虑采用打破地域和行业界限的公开招标。

5.1.3　建设项目的招标类型

建设项目的招标类型如图 5-1 所示。

5.1.4　建设项目施工招标投标程序

施工招投标划分为业主的招标行为和承包商的投标行为。这两个方面是相辅相成、紧密联系的,工程招标过程对于建设工程投资控制及风险的分担极为重要。工程施工招标的程序见图 5-2。

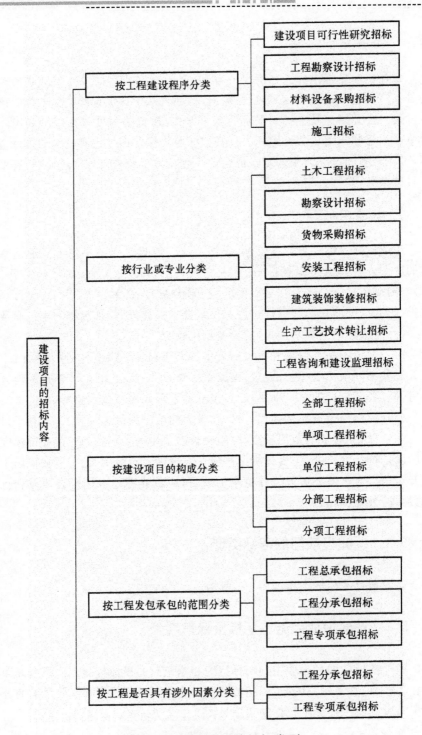

图 5-1　建设项目的招标类型

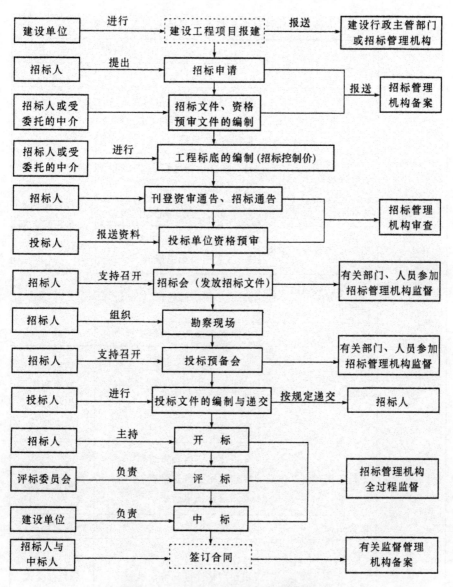

图 5-2　工程施工招标投标程序框图

5.1.5　建设工程招投标阶段的工作内容

施工招标过程中招标人和投标人的工作内容,见表 5-1。

表 5-1　施工招标过程中招标人和投标人的工作内容

阶段	主要工作步骤	主要工作内容	
		招标人	投标人
招标准备阶段	申请审批、核准招标	将施工招标范围、招标方式、招标组织形式报项目审批、核准部门审批、核准	组成投标小组进行市场调查准备投标资料研究投标策略
	组建招标组织	自行建立招标组织或委托招标代理机构	
	策划招标方案	划分施工标段、确定合同类型	
	招标公告或投标邀请	发布招标公告（及资格预审公告）或发出投标邀请函	
	编制标底或确定招标控制价	编制标底或确定招标控制价	
	准备招标文件	编制资格预审文件和招标文件	
资格审查	发售资格预审文件	发售资格预审文件	购买资格预审文件填报资格预审材料
	进行资格预审	分析评价资格预审材料确定资格预审合格者通知资格预审结果	回函收到资格预审结果
	发售招标文件	发售招标文件	购买招标文件
	现场踏勘、标前会议	组织现场踏勘和标前会议进行招标文件的澄清和补遗	参加现场踏勘和标前会议对招标文件提出质疑
	投标文件的编制、递交和接收	接收投标文件（包括投标保函）	编制投标文件递交投标文件

阶段	主要工作步骤	主要工作内容	
		招标人	投标人
开标 评标 中标	开标	组织开标会议	参加开标会议
	评标	投标文件初评 要求投标人提交澄清资料（必要时） 编写评标报告	提交澄清资料 （必要时）
	中标	确定中标人 发出中标通知书 签订施工合同	进行合同谈判 提交履约保函 签订施工合同

5.2 建设项目招标与招标控制价

5.2.1 建设工程招标文件的编制原则

招标文件是指由招标人或招标代理机构编制并向潜在投标人发售的明确资格条件、合同条款、评标方法和投标文件相应格式的文件。因此,招标文件的编制必须做到系统、完整、准确、明晰,即目标明确,能够使投标单位一目了然。建设单位也可以根据具体情况,委托具有相应资质的咨询、监理单位代理招标。编制招标文件一般应遵循以下原则:

①招标单位、招标代理机构及建设项目应具备招标条件。

②必须遵守国家的法律、法规及贷款组织的要求。招标文件是中标人签订合同的基础,也是进行施工进度控制、质量控制、成本控制及合同管理的基本依据。如果建设项目是贷款项目,则其必须按规定和审批程序来编制招标文件。

③公平、公正处理招标单位和承包商的关系,保护双方的利益。在招标文件中过多地将招标单位风险转移给投标单位一方,势必使投标单位加大风险,提高投标报价,反而会使招标单位增加支出。

④招标文件的内容要力求统一,避免文件之间的矛盾。招标文件涉及投标单位须知、合同条件、技术规范、工程量清单等多项内容。当项目规模大、技术构成复杂、合同多时,编制招标文件应重视内容的统一性。如果各

部分之间矛盾多,就会增加投标工作和履行合同过程中的争议,影响工程施工,造成经济损失。

⑤详尽地反映项目的客观和真实情况。只有客观、真实的招标文件才能使投标单位的投标建立在可靠的基础上,减少签约和履行过程中的争议。

⑥招标文件的用词应准确、简洁、明了。招标文件是投标文件的编制依据,投标文件是工程承包合同的组成部分,客观上要求在编写中必须使用规范用语、本专业术语,做到用词准确、简洁和明了,避免歧义。

⑦尽量采用行业招标范本格式或其他贷款组织要求的范本格式编制招标文件。

5.2.2 招标文件的内容

施工招标文件包括以下内容:

(1)招标公告(或投标邀请书)

招标公告的内容主要包括:

①招标人名称、地址、联系人姓名、电话;委托代理机构进行招标的,还应注明该机构的名称和地址。

②工程情况简介,包括项目名称、建筑规模、工程地点、结构类型、装修标准、质量要求、工期要求。

③承包方式,材料、设备供应方式。

④对投标人资质的要求及应提供的有关文件。

⑤招标日程安排。

⑥招标文件的获取办法,包括发售招标文件的地点、文件的售价及开始和截止出售的时间。

⑦其他要说明的问题。

当进行资格预审时,应采用投标邀请书的方式,邀请书内容包括:招标条件、项目概况与招标范围、投标人资格要求、招标文件的获取、投标文件的递交和确认、联系方式等。该邀请书可代替资格预审通过通知书,以明确投标人已具备了在某具体项目标段的投标资格。

(2)投标人须知

投标人须知是依据相关的法律法规,结合项目和业主的要求,对招标阶段的工作程序进行安排,对招标方和投标方的责任、工作规则等进行约定的文件。

①总则。总则是要准确地描述项目的概况、资金的情况、招标的范围、计划工期和项目的质量要求;对投标资格的要求以及是否接受联合体投标和对联合体投标的要求;是否组织踏勘现场和投标预备会,组织的时间和费

用的承担等的说明;是否允许分包以及分包的范围;是否允许投标文件偏离招标文件的某些要求,允许偏离的范围和要求等。

②招标文件。主要包括招标文件的构成以及澄清和修改的规定。

投标人须知要说明招标文件发售的时间、地点,招标文件的澄清和说明。

招标文件发售的时间不得少于 5 个工作日,发售的地点应是详细的地址,如××市××路××大厦××房间,不能简单地说××单位的办公楼。

在投标截止时间 15 天前,招标人可以以书面形式修改招标文件,并通知所有已购买招标文件的投标人。

③对投标文件的组成、投标报价、投标有效期、投标保证金的约定,投标文件的递交、开标的时间和地点、开标程序、评标、定标的相关约定,招标过程对投标人、招标人、评标委员会的纪律要求监督。

(3)评标办法

评标办法可选择经评审的最低投标价法和综合评估法。

(4)合同条款及格式

包括合同协议书格式、履约担保格式和预付款担保格式。如图 5-3～图 5-5 所示。

合同协议书

_____(发包人名称,以下简称"发包人")为实施_____(项目名称),已接受_____(承包人名称,以下简称"承包人")对该项目_____标段施工的投标。发包人和承包人共同达成如下协议。

1. 本协议书与下列文件一起构成合同文件:
(1)中标通知书;
(2)投标函及投标函附录;
(3)专用合同条款;
(4)通用合同条款;
(5)技术标准和要求;
(6)图纸;
(7)已标价工程量清单;
(8)其他合同文件。

2. 上述文件互相补充和解释,如有不明或不一致之处,以合同约定次序在先者为准。

3. 签约合同价:人民币_____(大写)元(¥_____)。

4. 承包人项目经理:_____

5. 工程质量符合_____标准。

6. 承包人承诺按合同约定承担工程的实施、完成及缺陷修复。

7. 发包人承诺按合同约定的条件、时间和方式向承包人支付合同价款。

8. 承包人应按照监理人指示开工,工期为_____日历天。

9. 本协议书一式_____份,合同双方各执一份。

10. 合同未尽事宜,双方另行签订补充协议。补充协议是合同的组成部分。

发包人:_____(盖章单位)　　承包人:_____(盖章单位)

法定代表人或其委托代理人:_____(签字)　　法定代表人或其委托代理人:_____(签字)

_____年___月___日

图 5-3　合同协议书

履约担保

_____（发包人名称）：

  鉴于_____（发包人名称，以下简称"发包人"）接受_____（承包人名称，以下简称"承包人"）于_____年____月___日参加_____（项目名称）标段施工的投标。我方愿意无条件地、不可撤销地就承包人履行与你方订立合同，向你方提供担保。

  1. 担保金额人民币（大写）_____元（¥_____）。

  2. 担保有效期自发包人与承包人签订的合同生效之日起至发包人签发工程接受证书之日止。

  3. 在本担保有效期内，因承包人违反合同约定的义务给你方造成经济损失时，我方在收到你方以书面形式提出的在担保金额内的赔偿要求后，在 7 天内无条件支付。

  4. 发包人和承包人按《通用合同条款》第 15 条变更合同时，我方承担本担保规定的义务不变。

担保人：_____（盖单位章）

法定代表人或其委托代理人：_____（签字）

地址：_____

邮政编码：_____

电话：_____

传真：_____

_____年___月___日

图 5-4　履约担保

预付款担保

_____（发包人名称）：

  根据_____（承包人名称，以下简称"承包人"）与_____（发包人名称，以下简称"发包人"）于_____年____月___日签订的_____标段施工承包合同，承包人按约定的金额向发包人提交一份预付款担保，即有权得到发包人支付相等金额的预付款。我方愿意就你方提供给承包人的预付款提供担保。

  1. 担保金额人民币（大写）_____元（¥_____）。

  2. 担保有效期自预付款支付给承包人起生效，至发包人签发的进度付款证书说明已完全扣清止。

  3. 在本保函有效期内，因承包人违反合同约定的义务而要求收回预付款时，我方在收到你方的书面通知后，在 7 天内无条件支付。但本保函的担保金额，在任何时候不应超过预付款金额减去发包人按合同约定在承包人签发的进度付款证书扣除的金额。

  4. 发包人和承包人按《通用合同条款》第 15 条变更合同时，我方承担本保函规定的义务不变。

担保人：_____（盖单位章）

法定代表人或其委托代理人：_____（签字）

地址：_____

邮政编码：_____

电话：_____

传真：_____

_____年___月___日

图 5-5　预付款担保

（5）工程量清单

工程量清单涵盖了拟建工程实体性项目、非实体性项目和其他项目名称及相应数量，有助于实现工程项目的具体量化和计量支付；也为编制招投标控制价提供了依据。

（6）图纸

图纸是指应由招标人提供的用于计算招标控制价和投标人计算投标报价所必需的各种详细程度的图纸。

（7）技术标准和要求

招标文件规定的各项技术标准应符合国家强制性规定。招标文件中规定的各项技术标准均不得要求或标明某一特定的专利、商标、名称、设计、原产地或生产供应者，不得含有倾向或者排斥潜在投标人的其他内容。

5.2.3　招标控制价编制

1. 招标控制价的概念

招标控制价是指招标人根据国家或省级、行业建设主管部门颁发的有关计价依据和办法，按设计施工图样计算的，对招标工程限定的最高工程造价。

2. 招标控制价的编制内容

①综合单价中应包括招标文件中划分的应由投标人承担的风险范围及其费用。招标文件中没有明确的，如是工程造价咨询人编制的，应提请招标人明确；如是招标人编制的，应予明确。

②分部分项工程的单价项目，应根据拟定的招标文件和招标工程量清单项目中的特征描述及有关要求确定综合单价计算。

③措施项目的单价项目，应根据拟定的招标文件和招标工程量清单项目中的特征描述及有关要求确定综合单价计算。

措施项目中的总价项目应根据拟定的招标文件和常规施工方案按规范的规定计价。

④其他项目应按下列规定计价：

暂列金额应按招标工程量清单中列出的金额填写。

暂估价中的材料、工程设备单价应按招标工程量清单中列出的单价计入综合单价；暂估价专业工程金额应按招标工程量清单中的价格确定。

⑤规费和税金按国家或省级、行业建设主管部门的规范规定计算。

3. 招标控制价的编制程序与综合单价的确定

(1)招标控制价计价程序

招标控制价的编制必须遵循一定的程序才能保证招标控制价的正确性和科学性,其编制程序如下:

招标控制价编制前的准备工作,包括:①熟悉施工图纸及说明,如发现图纸中有问题或不明确之处,可要求设计单位进行交底、补充;②进行现场踏勘,实地了解施工现场情况及周围环境;③了解工程的工期要求;④进行市场调查,掌握材料、设备的市场价格。

确定计价方法,确定招标控制价是按传统的定额计价法编制还是按工程量清单计价法编制。

招标控制价汇总表包括:建设项目招标控制价汇总表、单项工程招标控制价汇总表和单位工程招标控制价汇总表,如表5-2~表5-4所示。

表5-2 建设项目招标控制价汇总表

工程名称:　　　　　　　　　　　　　　　　　　　　　　标段:

序号	单项工程名称	金额/元	其中/元		
			暂估价	安全文明施工费	规费
	合计				

注:本表适用于建设项目招标控制价或投标报价的汇总

表5-3 单项工程招标控制价汇总表

工程名称:　　　　　　　　　　　　　　　　　　　　　　标段:

序号	单项工程名称	金额/元	其中/元		
			暂估价	安全文明施工费	规费
	合计				

注:本表适用于单项工程招标控制价或投标报价的汇总。暂估价包括分部分项工程中的暂估价和专业工程暂估价。

表 5-4　建设单位工程招标控制价计价程序

工程名称：　　　　　　　　　　　　　　　　　　　　　　　标段：

序号	内容	计算方法	金额/元
1	分部分项工程费	按计价规定计算	
1.1			
1.2			
1.3			
1.4			
1.5			
2	措施项目费	按计价规定计算	
2.1	其中:安全文明施工费	按规定标准计算	
3	其他项目费		
3.1	其中:暂列金额	按计价规定估算	
3.2	其中:专业工程暂估价	按计价规定估算	
3.3	其中:计日工	按计价规定估算	
3.4	其中:总承包服务费	按计价规定估算	
4	规费	按规定标准计算	
5	税金(扣除不列入计税范围的工程设备金额)	(1+2+3+4)×规定税率	
招标控制价合计＝1+2+3+4+5			

审核招标控制价格,定稿。

(2)综合单价的确定

招标控制价的分部分项工程费应由各单位工程的招标工程量清单乘以其相应综合单价汇总而成。综合单价的确定应按照招标文件中的分部分项工程量清单的项目名称、工程量、项目特征描述,依据工程所在地区颁发的计价定额和人工、材料、机械台班价格信息等进行编制,并应编制工程量清单综合单价分析表。

编制招标控制价在确定其综合单价时,应考虑一定范围内的风险因素。在招标文件中应通过预留一定的风险费用,或明确说明风险所包含的范围及超出该范围的价格调整方法。

4. 招标控制价计价文件组成内容及格式

招标控制价计价文件由下列内容组成:封面、总说明、招标控制价汇总表、分部分项工程量清单计价表、措施项目清单计价表、其他项目清单计价表、规费、税金项目清单计价表、工程量清单综合单价分析表、措施项目清单综合单价分析表。文件格式除封面外,与投标报价文件格式相同。详细格式文件见《建设工程工程量清单计价规范》(GB 50500—2013)。

5. 编制招标控制价需要考虑的其他因素

根据上述方式确定的招标控制价,只是理论计算值,而在实际的工程中,还需在理论计算值的基础上考虑以下因素:

①必须反映工期要求,对于合理的工期提前应给予必要的赶工费和奖励,并列入招标控制价。

②必须反映招标方的质量要求,对工程质量的优劣程度要在招标控制价中体现。

③必须考虑不可预测的风险因素带来的成本的提高。

④必须考虑招标工程的自然地理条件等影响施工正常进行的因素。

5.3 建设项目投标与投标报价

5.3.1 施工投标的概述

1. 施工投标的概念

建设工程投标是指承建单位依据有关规定和招标单位拟定的招标文件参与竞争,并按照招标文件的要求,根据本企业的实际水平、能力以及各种环境条件等,对拟投标工程所需的成本、利润、相应的风险费用等进行计算后提出报价并争取中标,以图与建设工程项目法人单位达成协议的经济法律活动。

2. 施工投标的程序

建设工程施工投标的程序如图 5-6 所示。

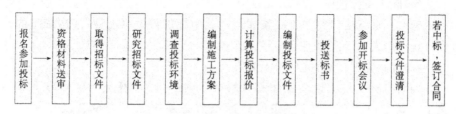

图 5-6　建设工程施工投标的程序

建设工程施工投标程序主要是指投标工作在时间和空间上应遵循的先后顺序,从投标人的角度看,建设工程项目施工投标的一般程序主要经历以下几个环节。

(1)报名参加投标

投标人根据招标公告或投标邀请书,跟踪招标信息,向招标人提出申请,并提交有关资料。报名参加投标的单位应向招标单位提供如下资料:企业经营执照和资质证书;企业简历;自有资金情况;全员职工人数,包括技术人员、技术工人数量、平均技术等级及企业自有主要施工机械设备一览表;近 3 年承建的主要工程及质量情况;现有主要施工任务,包括在建或尚未开工工程一览表。

(2)接受招标人的资格审查(如果是资格预审)

资格预审是在投标之前,由招标单位对各承包人财务状况、技术能力、社会信誉等方面进行的一次全面审查,只有技术力量和财力雄厚、社会信誉高的企业才能顺利通过资格预审。

(3)购买招标文件,交押金领取相关的技术资料

对通过资格预审的施工企业,可以领到或购买招标单位发送的招标文件。

(4)研究招标文件

招标文件是投标和报价的主要依据。承包人领取招标文件后,应充分了解招标文件的内容,对不明白之处做好记录,以便在答疑会上予以澄清。

(5)调查投标环境,参加现场踏勘(如果招标人组织),并对有关疑问提出询问

投标环境是指中标后工程施工的自然、经济和社会环境。调查投标环境时,要着重了解施工现场的地理位置,现场地质条件,交通情况,现场临时供电、供水、通信设施情况,当地劳动力资源和材料资源、地方材料价格等,以便正确地确定投标策略。

（6）确定投标策略

确定投标策略目的在于探索如何达到中标的最大可能性,并用最小的代价获得最大的经济效益。

（7）编制施工计划,制订施工方案

编制投标文件的核心工作是计算标价,而标价计算又与施工方案和施工计划密切相关。所以,在编制标价前必须核定工程量和制订施工方案。

（8）编制投标文件

投标文件一定要对招标文件的要求和条件进行实质性响应。

（9）报送标函与参加开标

标函在投标单位法人代表盖章并密封后,在规定的期限内报送招标单位,并在规定的时间、地点参加开标。

如果投标中标,接到中标通知后,在规定的时间内积极和招标单位洽谈有关合同条款,合同条款达成协议后,即签订合同,中标单位持合同向建设部门办理报建手续,领取开工执照。未中标单位,则应积极总结经验。

5.3.2 工程投标报价的编制

投标报价由直接费、间接费、利润和税金组成。计算标价前,应充分熟悉招标文件和施工图纸。同时,应了解和掌握工程现场情况,并对招标单位提供的工程量清单进行审核。工程量确定后,即可进行标价的计算。

1. 投标报价的编制原则和依据

（1）投标报价应遵循的原则

投标报价的编制过程应遵循以下原则：

①投标报价应由投标人或受其委托具有相应资质的工程造价咨询人员编制。

②投标人应依据《建设工程工程量清单计价规范》（GB 50500—2013）的强制性规定自主确定投标报价。

③投标报价不得低于工程成本。

④投标人必须按招标工程量清单填报价格。项目编码、项目名称、项目特征、计量单位、工程量必须与招标工程量清单一致。

⑤投标人的投标报价高于招标控制价的应予废标。

（2）投标报价的编制依据

①《建设工程工程量清单计价规范》（GB 50500—2013）。

②国家或省级、行业建设主管部门颁发的计价办法。

③国家或省级、行业建设主管部门颁发的计价定额。

④招标文件、工程量清单。

⑤建设工程设计文件及相关资料。

⑥施工现场情况、工程特点及拟定的投标施工组织设计或施工方案。

⑦与报价计算有关的政策、法规。

⑧地方现行的材料价格。

⑨其他的相关资料，如企业的技术力量、管理水平等。

2. 投标报价的编制方法

现阶段，我国规定的编制投标报价的方法主要有两种：一种是工程量清单计价法，另一种是综合单价法。

从建设项目的组成与分解来说，工程造价计价的顺序是：分部分项工程造价→单位工程造价→单项工程造价→建设项目总造价。

工程计价的原理就在于项目的分解和组合，影响工程造价的因素主要有两个，即单位价格和实物工程数量，可以用下列计算式表达：

$$\frac{\text{建筑安装}}{\text{工程造价}} = \sum[\text{单位工程基本构造要素工程量（分项工程）} \times \text{单位价格}]$$

工程量是指根据工程建设定额或工程量清单计价规范的项目划分和工程量计算规则、以适当计量单位进行计算的分项工程的实物量。工程量是计价的基础，不同的计价方式有不同的计算规则。目前，工程量计算规则包括两大类。

①各类工程建设定额规定的计算规则。

②国家标准《建设工程工程量清单计价规范》各专业工程工程量计算规范中规定的计算规则。

单位价格是指与分项工程相对应的单价。工料单价法是指定额单价，即包括人工费、材料费、施工机具使用费在内的工料单价；清单计价是指除包括人工费、材料费、施工机具使用费外，还包括企业管理费、利润和风险因素在内的综合单价。

（1）工程量清单计价法

工程量清单计价投标报价的编制内容主要如下：

①分部分项工程费。根据计算出的综合单价，可编制分部分项工程量清单与计价分析表，如表 5-5 所示。

表 5-5　分部分项工程量清单与计价表

工程名称:某住宅工程　　　　　　　标段:　　　　　　　第　页　共　页

序号	项目编码	项目名称	项目特征描述	计量单位	工程量	金额/元		
						综合单价	合价	其中:暂估价
			......					
		A.4 混凝土及钢筋混凝土工程						
6	010403001001	基础梁	C30 混凝土基础梁,梁底标高－1.55m,梁截面300mm×600mm,250mm×500mm	m	208	356.14	74 077	
7	010416001001	现浇混凝土钢筋	螺纹钢 Q235,$\phi14$	t	98	5 857.16	574 002	490 000
			......					
		分部小计					2 532 419	490 000
		合计					3 758 977	1 000 000

　　②措施项目费。措施项目内容为:依据招标文件中措施项目清单所列内容;措施项目清单费的计价方式:可精确计量的宜采用综合单价方式计价,其余的采用以"项"为计量单位的方式计价。措施项目清单与计价表见表 5-6 和表 5-7。

表 5-6　措施项目清单与计价表(一)

工程名称:　　　　　　　　　标段:　　　　　　　第　页　共　页

序号	项目编码	项目名称	项目特征描述	计量单位	工程量	金额/元	
						综合单价	合价
		本业小计					
		合计					

注:本表适用于以综合单价形式计价的措施项目。

表 5-7　措施项目清单与计价表(二)

工程名称：　　　　　　　　标段：　　　　　第　页　共　页

序号	项目名称	计算基础	费率/%	金额/元
1	安全文明施工费			
2	夜间施工费			
3	二次搬运费			
4	冬雨季施工			
5	大型机械设备进出场及安拆费			
6	施工排水			
7	施工降水			
8	地上、地下设施,建筑物的临时保护设施			
9	已完工程及设备保护			
10	各专业工程的措施项目			
合计				

注:本表适用于以"项"计价的措施项目。

③其他项目清单费。其他项目清单与计价汇总表见表 5-8,其中明细参见表 5-9～表 5-13。

表 5-8　其他项目清单与计价汇总表

工程名称：　　　　　　　　标段：　　　　　第　页　共　页

序号	项目名称	计量单位	金额/元	备注
1	暂列金额			
2	暂估价			
2.1	材料暂估价			
2.2	专业工程暂估价			
3	计日工			
4	总承包服务费			
5				
合计				

表 5-9 暂列金额明细表

工程名称： 标段： 第 页 共 页

序号	项目名称	计量单位	暂定金额/元	备注
1				
2				
3				
合计				—

表 5-10 材料暂估单价表

工程名称： 标段： 第 页 共 页

序号	材料名称、规格、型号	计量单位	单价/元	备注

表 5-11 专业工程暂估价表

工程名称： 标段： 第 页 共 页

序号	工程名称	工程内容	金额/元	备注
合计				

表 5-12 计日工表

工程名称： 标段： 第 页 共 页

编号	项目名称	单位	暂定数量	综合单价/元	合价/元
一	人工				
1					
2					
人工小计					

续表

编号	项目名称	单位	暂定数量	综合单价/元	合价/元
二	材料				
1					
2					
材料小计					
三	施工机械				
1					
2					
施工机械小计					
总计					

表5-13　总承包服务费计价表

工程名称：　　　　　　　　标段：　　　　　第　页　共　页

序号	项目名称	项目价值/元	服务内容	费率/%	金额/元
1	发包人发包专业工程				
2	发包人供应材料				
合计					

④规费和税金。规费税金项目清单与计价表如表5-14所示。

表5-14　规费税金项目清单与计价表

工程名称：　　　　　　　　标段：　　　　　第　页　共　页

序号	项目名称	计算基础	费率/%	金额/元
1	规费			
1.1	工程排污费			
1.2	社会保障费			
(1)	养老保险费			
(2)	失业保险费			
(3)	医疗保险费			
1.3	住房公积金			
1.4	危险作业意外伤害保险			
1.5	工程定额测定费			
2	税金	分部分项工程费＋措施项目费＋其他项目费＋规费		

111

（2）综合单价法

综合单价法编制投标报价的步骤如下：

①首先根据企业定额或参照预算定额及市场材料价格确定各分部分项工程量清单的综合单价，该单价包括完成清单所列分部分项工程的成本、利润和一定的风险费。

②以给定的各分部分项工程的工程量及综合单价确定工程费。

③结合投标企业自身的情况及工程的规模、质量、工期要求等确定工程有关的费用。综合单价分析表的编制如表 5-15 所示。

表 5-15　综合单价分析表

工程名称：某住宅工程　　　　　　标段：第　　页　共　　页

项目编码	010416001001	项目名称		现浇构件钢筋		计量单位		t	
清单综合单价组成明细									
定额编号	定额名称	定额单位	数量	单价/元				合价/元	
				人工费	材料费	施工机具使用费	管理费和利润	人工费	材料费	施工机具使用费	管理费和利润
AD0899	现浇螺纹钢筋制安	t	1.000	294.75	5 397.70	62.42	102.29	294.75	5 397.70	62.42	102.29
人工单价			小计					294.75	5 397.70	62.42	102.29
38 元/工日			未计价材料费								
清单项目综合单价								5857.16			

材料费明细	主要材料名称、规格、型号	单位	数量	单价/元	合价/元	暂估单价/元	暂估合价/元
	螺纹钢 Q235，$\phi14$	t	1.07			5 000.00	5 350.00
	焊条	kg	8.64	4.00	34.56		
	其他材料费				13.14		
	材料费小计				47.70		5 350.00

投标报价的编制主要是投标单位对承建招标工程所要发生的各种费用的计算。目前，我国建设工程大多采用工程量清单招投标，因此，投标报价的编制以工程量清单计价方式为主。从计价方法上讲，工程量清单计价方式下投标报价的编制方法与以工程量清单计价法编制招标控制价的方法相

似,都是采用综合单价计价的方法。

但是,投标报价的编制与招标控制价的编制也有不同,工程招标控制价反映各个施工企业的平均生产力水平,而工程投标方要使自己的报价具有竞争性,必须要反映出投标企业自身的生产力水平,企业要采取先进的生产技术措施,提高生产效率,降低成本,降低消耗。因此,在根据各工程内容的计价工程量计算各工程内容的工程单价及计算完成其中一项工程内容所耗人工费、材料费、机械使用费时,企业是参照自己的企业消耗量定额来确定的,以此体现企业自身的施工特点,使投标报价具有个性。

依据上述方法确定的施工投标报价是理论数值,在最后确定报价的决策阶段,投标方须对此理论值配以相应的报价策略,最终得到合理的投标报价方案。此时,工程投标人应在投标报价理论数值的计算结果的基础上,根据工程实际情况及竞争对手情况进行调整。

3. 影响投标报价的因素

(1)对招标文件的研究程度

研究招标文件是为了正确理解招标文件和业主的意图,使投标文件对招标文件的要求进行实质性响应。如投标单位对装饰工程的特殊要求,质量不易控制的方面等要认真细致地分析研究,以便较好地满足招标单位的要求,正确报价。并保证投标报价的有效性,力求中标。

(2)对工程现场情况的调查

投标者在报价前必须全方位地对工程现场情况进行调查,以便了解工地及其周围的政治、经济、地质、气候、法律等方面的情况,这些内容在招标文件中是不可能全部包括的,而它们对报价的结果都有着至关重要的影响。

(3)对竞争对手情况的了解

包括竞争对手的信誉、经营能力、技术水平、设备能力及经常采用的投标策略等,对这些内容了解的详细程度,会对报价的结果有直接的影响。

(4)主观因素

工程报价除了考虑招标工程本身的要求、招标文件的有关规定、工程现场情况及竞争对手情况等因素外,还要考虑主观因素的影响,如投标人的自身实力、工程造价人员的业务水平及综合素质、各项业务及管理水平、自己制订的工程实施计划、以往对类似工程的经验等,它们都是影响工程造价的重要因素。

5.3.3　用决策树法确定投标项目

施工企业在投标过程中,不可能也没有必要对每一个招标项目花大量的精力准备投标,一般选择部分有把握的项目精心准备投标,确保投标项目的中标率。在选择投标项目时,可采用决策树的方法进行筛选,选择中标概率较大的项目进行投标。用决策树法确定投标项目的步骤如下:

①列出准备投标的项目,分析各投标项目的投标策略,绘制出决策树。

②从右到左计算各机会点上的期望值。

③在同一时间点上,对所有投标项目的各投标策略方案进行比较,选择期望值最大的方案作为重点投标项目的最佳投标策略方案。

例 5-1　某承包商面临 A、B 两项工程投标,受条件限制,只能选择一项工程投标,或者均不投标。根据过去类似的投标经验,A 工程投高标的中标概率为 0.3,投低标的中标概率为 0.6,编制投标文件需 3 万元;B 工程投高标的中标概率为 0.4,投低标的中标概率为 0.7,编制投标文件需 2 万元。各方案承包的效果、概率及损益情况如表 5-16 所示。运用决策树法进行投标方案选择。

表 5-16　各方案承包的效果、概率及损益情况

方案	效果	概率	损益值/万元
投 A 高标	好	0.3	150
	中	0.5	100
	差	0.2	50
投 A 低标	好	0.2	110
	中	0.7	60
	差	0.1	0
投 B 高标	好	0.4	110
	中	0.5	70
	差	0.1	30
投 B 低标	好	0.2	70
	中	0.5	30
	差	0.3	-10
不投标			0

解：

画决策树,如图 5-7 所示,标明各方案的概率和损益值。

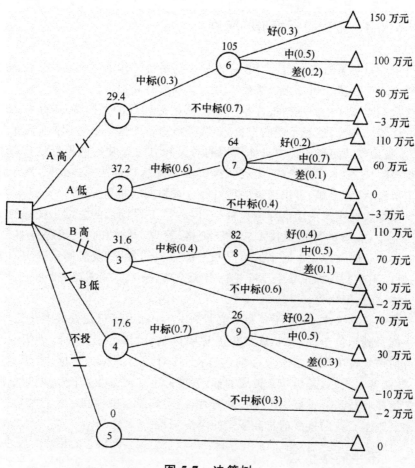

图 5-7　决策树

计算各机会点的期望值：

点⑥：$150 \times 0.3 + 100 \times 0.5 + 50 \times 0.2 = 105$(万元)

点⑦：$110 \times 0.2 + 60 \times 0.7 + 0 \times 0.1 = 64$(万元)

点⑧：$110 \times 0.4 + 70 \times 0.5 + 30 \times 0.1 = 82$(万元)

点⑨：$70 \times 0.2 + 30 \times 0.5 - 10 \times 0.3 = 26$(万元)

点①：$105 \times 0.3 - 3 \times 0.7 = 29.4$(万元)

点②：$64 \times 0.6 - 3 \times 0.4 = 37.2$(万元)

点③：$82 \times 0.4 - 2 \times 0.6 = 31.6$(万元)

点④：$26 \times 0.7 - 2 \times 0.3 = 17.6$(万元)

点⑤:0

因为点②的期望值最大,所以应投 A 工程低标。

5.3.4　工程投标报价的策略

投标报价策略指承包商在投标竞争中的系统工作部署及其参与投标竞争的方式和手段。投标报价策略可分为基本策略和报价技巧两个层面。投标报价基本策略主要是指投标单位应根据招标项目的不同特点,并考虑自身的优势和劣势,选择不同的报价(如选择报高价的情形或选择报低价的情形)。报价技巧是指投标中具体采用的对策和方法。常用的报价技巧有不平衡报价法、多方案报价法、无利润报价法和突然降价法等。此外,对于计日工单价、暂定金额、可供选择的项目等也有相应的报价技巧。

投标人的决策活动贯穿于投标全过程,是工程竞标的关键。投标的实质是竞争,竞争的焦点是技术、质量、价格、管理、经验和信誉等综合实力。因此必须随时掌握竞争对手的情况和招标业主的意图,及时制定正确的策略,争取主动。投标策略主要有投标目标策略、技术方案策略、投标方式策略、经济效益策略等。

作为投标人来讲,并不是每标必投,因为投标人要想在投标中获胜,既要中标得到承包工程,又要从承包工程中盈利;就需要研究投标决策的问题。所谓投标决策包括三方面的内容:①针对项目招标是投标,或是不投标;②倘若去投标,是投什么性质的标;③投标中如何采用以长制短,以优胜劣的策略和技巧。投标决策的正确与否,关系到能否中标和中标后的效益,关系到施工企业的发展前景和职工的经济利益。

1. 不平衡报价法

不平衡报价法是指一个工程项目总报价基本确定后,通过调整内部各个项目的报价,以期既不提高总报价、不影响中标,又能在结算时得到更理想的经济效益。实际工作中可以在以下几方面考虑采用不平衡报价法。

①单价在合理范围内可提高的子项目有:能够早日结算的项目,如开办费、营地设施、土方、基础工程等;通过现场勘察或设计不合理、清单项目错误,预计今后实际工程量大于清单工程量的项目;支付条件良好的政府项目或银行项目。

②单价在合理范围内可以降低的子项目有:后期的工程项目,如粉刷、外墙装饰、电气、零散清理和附属工程等;预计今后实际工程量小于清单工程量的项目。

③图纸不明确或有错误，估计今后会有修改的；或工程内容说明不清楚，价格可降低，待澄清后可再要求提高价格。

④计日工资和零星施工机械台班小时单价报价时，可稍高于工程单价中的相应单价。因为这些单价不包括在投标价格中，发生时按实计算，利润增加。

⑤无工程量而只报单价的项目，如土木工程中挖湿土或岩石等备用单价，单价宜高些。这样不影响投标总价、、而一旦项目实施就可多得利润。

⑥对于暂定工程或暂定数额的报价，要具体分析，如果估计今后肯定要做的工程，价格可定得高一些，反之价格可低一些。

⑦如项目业主要求投标报价一次报定不予调整时，则宜适度抬高标价，因为其中风险难以预料。

2. 多方案报价法

多方案报价法是指在投标文件中报两个价，一个是按招标文件的条件报一个价；另一个是加注解的报价，即：如果某条款作某些改动，报价可降低多少。这样，可降低总报价，吸引招标人。

多方案报价法适用于招标文件中的工程范围不很明确，条款不很清楚或很不公正，或技术规范要求过于苛刻的工程。采用多方案报价法可降低投标风险，但投标工作量较大。

3. 突然降价法

突然降价法是指先按一般情况报价或表现出自己对该工程兴趣不大，等快到投标截止时，再突然降价。采用突然降价法，可以迷惑对手，提高中标概率。但对投标单位的分析判断和决策能力要求很高，要求投标单位能全面掌握和分析信息，做出正确判断。

4. 增加建议方案法

有时招标文件中规定，可以提一个建议方案，即是可以修改原设计方案，提出投标者的方案。投标者这时应抓住机会，组织一批有经验的设计和施工工程师，对原招标文件的设计和施工方案仔细研究，提出更为合理的方案以吸引业主，促成自己的方案中标。建议方案不要写得太具体，要保留方案的技术关键，防止业主将此方案交给其他承包商。同时要强调的是，建议方案一定要比较成熟，有很好的可操作性。

5. 分包商报价的采用

总承包商在投标前找 2～3 家分包商分别报价,而后选择其中一家信誉较好、实力较强和报价合理的分包商签订协议,同意该分包商作为本分包工程的唯一合作者,并将分包商的姓名列到投标文件中,但要求该分包商相应地提交投标保函。如果该分包商认为这家总承包商确实有可能中标,他也许愿意接受这一条件。这种把分包商的利益同投标人捆在一起的做法,不但可以防止分包商事后反悔和涨价,还可能迫使分包时报出较合理的价格,以便共同争取中标。

6. 低投标价夺标法

此种方法是非常情况下采取的非常手段,如企业大量窝工,为减少亏损;或为打入某一建筑市场;或为挤走竞争对手保住自己的地盘,于是制定了严重亏损标,力争夺标。若企业无经济实力,信誉不佳,此法也不一定奏效。

7. 计日工单价的报价

如果是单纯报计日工单价,而且不计入总价中,则可以报高些,以便在业主额外用工或使用施工机械时可多盈利。但如果计日工单价要计入总报价时,则需具体分析是否报高价,以免抬高总报价。总之,要分析业主在开工后可能使用的计日工数量,再来确定报价方针。

8. 可供选择的项目的报价

有些工程项目的分项工程,业主可能要求按某一方案报价,而后再提供几种可供选择方案的比较报价,例如某住房工程的地面水磨石砖,工程量表中要求按 25cm×25cm×2cm 的规格报价。另外,还要求投标人用更小规格砖 20cm×20cm×2cm 和更大规格砖 30cm×30cm×3cm 作为可供选择的项目报价。投标时除对几种水磨石地面砖调查询价外,还应对当地习惯用砖情况进行调查。对于将来有可能使用的地面砖铺砌应适当提高其报价;对于当地难以供货的某些规格的地面砖,可将价格有意抬高的更多一些,以阻挠业主选用。但是,所谓"供选择项目"并非由承包商任意选择,而是业主才有权选择。因此我们虽然提高了可供选择项目的报价,并不意味着肯定取得较好的利润;只是提供了一种可能性;一旦业主今后选用,承包商即可得到额外加价的利益。

5.4　工程合同价款的确定

5.4.1　合同类型

建设工程施工合同即建筑安装工程承包合同,是发包人与承包人之间为完成商定的建设工程项目,确定双方权利和义务的协议。在施工合同中,建设单位是发包人,施工单位是承包人。

按照合同价款的付款方式,可将施工合同划分为总价合同、单价合同、成本加酬金合同。

1. 总价合同

总价合同指的是在承包合同中给出向承包人支付的具体工程款项,也就是总价。总价是由合同双方根据设计图纸和工程说明书进行协商约定的。选择此类合同可以使建设单位更加容易确定报价最低的承包商,也便于计算需支付的工程款项。通常分为如下两种合同。

(1)固定总价合同

此类合同是建设工程施工经常使用的一种合同形式,总价被承包商接受以后一笔包死,一般不得变动。

适用条件:

①设计深度已达到施工图设计要求,工程设计图纸完整、齐全。

②规模较小,技术不太复杂的中小型工程。

③合同工期较短(一般不超过 1 年)。

(2)可调总价合同

根据施工图纸和具体规定,采用时价计算工程项目的暂定合同价格。在履行合同过程中,由于不可预料的外部因素造成工料成本上升,此时可依据合同来调整合同总价。

适用条件:

设计图纸和工程内容很明确的项目,由于合同中列有调值条款,因此工期在 1 年以上的工程项目较适于采用这种合同计价方式。

2. 单价合同

单价合同是承包人在投标时,按招投标文件就分部分项工程所列出的工程量表确定各分部分项工程费用的合同类型。

(1)固定单价合同

经常采用的合同形式,特别是在设计或其他建设条件还不太落实的情况下,而以后又需增加工程内容或工程量时,可以按单价适当追加合同内容。

适用条件:

①没有施工图,工程量不明确却亟须开工的紧迫工程。

②虽有施工图,但由于某些原因(新工艺等)不能比较准确地计算工程量等。

(2)可调单价合同

合同单价可调,一般在工程招标文件中规定。在合同中签订的单价,根据合同约定的条款,如在工程实施过程中物价发生变化等,可做调整。

3. 成本加酬金合同

由业主向承包单位支付工程项目的实际成本,并按事先约定的某一种方式支付酬金的合同类型。

5.4.2 订立施工合同应遵守的原则

1. 合法的原则

订立施工合同必须遵守国家法律、行政法规,也要遵守国家的建设计划和强制性的管理规定。只有遵守法律法规,施工合同才受国家法律的保护,合同当事人预期的经济利益目标才有保障。

2. 平等、自愿的原则

合同的当事人都是具有独立地位的法人,他们之间的地位平等,只有在充分协商取得一致的前提下,合同才有可能成立并生效。施工合同当事人一方不得将自己的意志强加给另一方,当事人依法享有自愿订立施工合同的权利,任何单位和个人不得非法干预。

3. 公平、诚实信用的原则

发包人与承包人的合同权利、义务要对等而不能显失公平。施工合同是双方合同,双方都享有合同权利,同时承担相应的义务。在订立施工合同中,要求当事人要诚实、实事求是地向对方介绍自己订立合同的条件、要求和履约能力,充分表达自己的真实意愿,不得有隐瞒、欺诈的成分。

5.4.3　合同类型的选择

在工程承包中,采用哪种合同方式,应根据建设工程的特点,业主对建设工程的设想,对工程费用、工期和质量的要求等,综合考虑后才能进行确定。

1. 依据工程项目的复杂程度选择

对于规模较大且技术复杂的工程项目,其具有较大的承包风险,较难估算其具体的投资费用,故不能选择固定总价合同。对于估算准确性较大的项目可选择固定总价合同,其他部分则选择单价合同或成本加酬金合同。

2. 依据工程项目的设计深度选择

在选择合同类型时,应考虑工程项目的设计深度。若已完项目具备清晰而完备的施工图设计图纸和工程量清单,应选择总价合同;若已完工程量与预计工程量相差较大时,应选择单价合同;若仅完成了工程项目的初步设计,且工程量清单描述的工程项目较为模糊时,应选择单价合同或成本加酬金合同。

3. 依据施工技术的先进程度选择

若在工程建设中运用了大量的新技术、新工艺,建设单位和承包人都不熟悉相关的施工技术,也没有相关的国家标准,此种情况下,为了避免投标方过度提高承包价,不应选择固定总价合同,而应选择成本加酬金合同。

4. 依据施工工期的紧迫程度选择

对于某些紧急工程,如灾后重建、恢复工程,对开工期限要求较高,亟须尽快开工且工期较紧张。另外,仅提出了实施方案,没有具体施工图纸,故承包人不能给出合理报价,应选择成本加酬金合同。

对于同一工程项目的不同工程部分或不同施工阶段,能够选择不同的合同类型。在招投标阶段,应根据工程项目的具体情况,全面分析利弊,最终得到合适的合同类型。

5.4.4　合同价款约定的内容

合同价款的有关事项由发承包双方约定,一般包括合同价款约定方式,预付工程款、工程进度款、工程竣工价款的支付和结算方式,以及合同价款的调整情形等。发承包双方应当在合同中约定,发生下列情形时合同价款应进行调整。

①法律、法规、规章或者国家有关政策变化影响合同价款的。

②工程造价管理机构发布价格调整信息的。

③经批准变更设计的。

④发包人更改经审定批准的施工组织设计造成费用增加的。

⑤双方约定的其他因素。

5.4.5 无效施工合同的认定

无效施工合同是指虽由发包人与承包人订立,但因违反法律规定而没有法律约束力,国家不予承认和保护,甚至要对违法当事人进行制裁的施工合同。具体而言,施工合同属下列情况之一的,合同无效。

①没有从事建筑经营资格而签订的合同。

②超越资质等级所订立的合同。

③违反国家、部门或地方基本建设计划的合同。

④未依法取得土地使用权而签订的合同。

⑤未取得《建设用地规划许可证》而签订的合同。

⑥未取得或违反《建设工程规划许可证》进行建设、严重影响城市规划的合同。

⑦应当办理而未办理招标投标手续所订立的合同。

⑧非法转包的合同。

⑨违法分包的合同。

⑩采取欺诈、胁迫的手段所签订的合同。

⑪损害国家利益和社会公共利益的合同。

无效的施工合同自订立时起就没有法律约束力。合同无效后,因该合同取得的财产,应当予以返还;不能返还或者没有必要返还的,应当折价补偿。有过错的一方应当赔偿对方由此所受到的损失,双方都有过错的,应当各自承担相应的责任。

第6章 工程建设项目施工阶段造价控制

工程建设的整个过程中都存在工程造价控制与管理,尤其是在工程建设项目的施工阶段更是不能缺少造价控制与管理。在工程建设项目的施工阶段,造价的控制与管理主要包括工程变更和合同价款的调整、工程索赔的管理、工程价款结算以及投资偏差分析等。通常情况下,工程建设项目具有较长的周期,在建设过程中,不仅会受到自然条件和客观因素的影响,还会出现许多不可预料的因素,例如变更和索赔等。为了尽可能地减少此类事件对工程造价控制的影响,提高施工阶段的造价管理水平,施工单位应更加注意施工合同及工程竣工结算,以现场管理的实际情况为出发点,加强过程控制,增强索赔意识,积累相关经验。

6.1 概　述

施工阶段的工程造价控制一般是指在建设项目已完成施工图设计,并完成招标阶段工作和签订工程承包合同以后的投资控制的工作。进行施工阶段投资控制的基本原理为,确定计划投资额并将其作为投资控制的目标值,在施工过程中定期比较实际投资额与计划投资额,从而得到两者的偏差,进一步分析造成该偏差的原因,通过一定措施减少该偏差,最终完成投资控制。

6.1.1　施工阶段造价控制的程序

施工阶段造价控制的程序如图 6-1 所示。

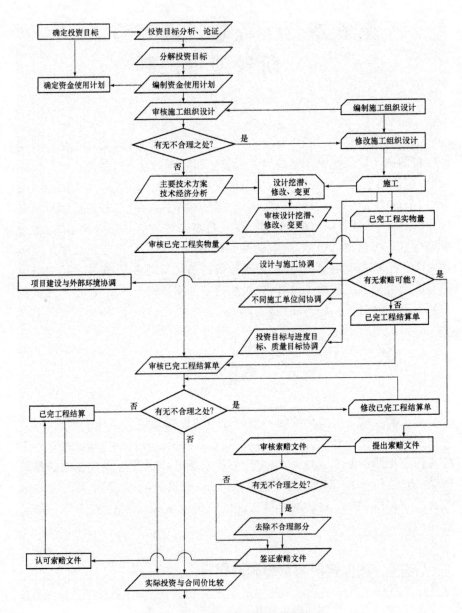

图 6-1 施工阶段造价控制流程

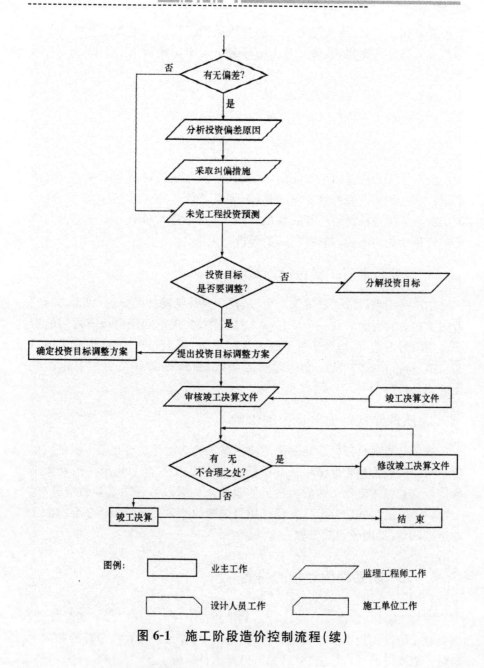

图 6-1　施工阶段造价控制流程(续)

6.1.2　施工阶段影响工程造价的因素

在施工阶段影响造价的基本要素有三个方面:一是资源投入(工程造价自身)要素,二是工期要素,三是质量要素。在工程建设的过程中,这三个方面的要素相互影响、相互转化。工期与质量的变化在一定条件下可以影响和转化为造价的变化,造价的变动同样会直接影响和转化成质量与工期的变化。

建设项目的资源投入、工期和质量三大要素是相互影响和相互依存的,它们对于项目工程造价的影响主要表现在以下几个方面。

1. 资源投入要素对工程造价的影响

资源投入要素受两个方面的影响,其一是在项目建设全过程中各项活动消耗和占用的资源数量变化的影响,如设计使用的管线直径、管线长度、施工中对标准规格材料进行断料的损耗等;其二是各项活动消耗与占用资源的价格变化的影响,如材料、人工等价格上涨。

2. 工期要素对工程造价的影响

工期是指项目或项目的某个阶段、某项具体活动所需要的,或者实际花费的工作时间周期。在一个项目的全过程中,实现活动所消耗或占用的资源就是项目的造价,这些造价不断地沉淀下来、累积起来,最终形成了项目的全部造价,因此工程造价是时间的函数,造价是随着工期的变化而变化的。

3. 质量要素对工程造价的影响

质量是指项目交付后能够满足使用需求的功能特性与指标。项目质量检验与保障造价是为保障项目的质量而发生的造价;项目质量失败补救造价是由质量保障工作失败后为达到质量要求而采取各种质量补救措施(返工、修补)所发生的造价。另外项目质量失败的补救措施的实施还会造成工期延迟,引发工期要素对工程造价的影响。

6.1.3 资金使用计划的编制

在施工阶段,编制资金使用计划的目的在于控制施工阶段的实际投资,确定合理的计划投资额作为目标值,也就是说,在工程概算或预算的基础上确定计划投资的总目标值、分目标值以及细目标值。

1. 按项目分解编制资金使用计划

根据建设项目的组成,首先将总投资分解到各单项工程,再分解到单位工程,最后分解到分部分项工程,分部分项工程的支出预算既包括材料费、人工费、机械费,也包括承包企业的间接费、利润等,是分部分项工程的综合单价与工程量的乘积。资金使用计划见表 6-1。

表 6-1　按项目分解的资金使用计划

编码	工程内容	单位	工程数量	综合单价	合价	备注

编制资金使用计划时,既要在项目总的方面考虑总预备费,也要在主要的工程分项中安排适当的不可预见费。所核实的工程量与招标时的工程量估算值有较大出入时,应予以调整并作"预计超出子项"注明。例如某学校建设项目可按图 6-2 为例进行分解目标。

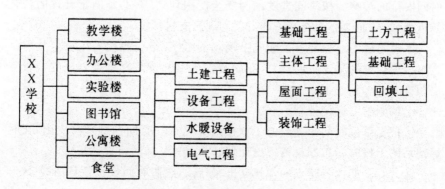

图 6-2　按工程项目分解目标

2. 按建设项目投资构成分解的资金使用计划

工程项目的投资主要分为建筑安装工程投资、设备工器具购置投资及工程建设其他投资。实现投资构成分解及相应的资金使用计划主要是代表业主的项目管理公司来完成。如图 6-3 所示为按投资构成分解目标。

图 6-3 中建筑工程投资、安装工程投资、设备及工器具购置投资等可以进一步分解。按投资构成分解的方法比较适合于有大量经验数据的工程项目。

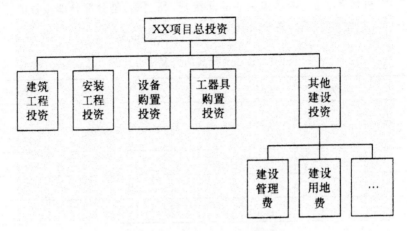

图 6-3　按投资构成分解目标

3. 按时间进度编制资金使用计划

对于建设项目的投资都是分阶段、分期投入的,资金的合理分配受资金时间安排的影响。按时间进度编制资金使用计划,有助于制定合理的资金筹措计划,还能够有效控制资金占用和利息支付。

通过对施工对象的分析和施工现场的考察,结合当代施工技术特点制定出科学合理的施工进度计划,在此基础上编制按时间进度划分的投资支出预算。其步骤如下:

①编制施工进度计划。

②根据单位时间内完成的工程量计算出这一时间内的预算支出,在时标网络图上按时间编制投资支出计划。

③计算工期内各时点的预算支出累计额,绘制时间投资累计曲线(S 形曲线)。时间投资累计曲线如图 6-4 所示。

根据施工进度计划的最早可能开始时间和最迟必须开始时间来绘制,则可得两条时间投资累计曲线,俗称"香蕉"形曲线(图 6-5)。通常来说,在最迟必须开始时间进行施工,能够有效地减少建设资金贷款利息,但也很可能使项目竣工时间推迟,因此监理工程师在制订投资预算时,应确保既能减少实际投资额,又能缩短项目工期。

在实际操作中可同时绘出计划进度预算支出累计线、实际进度预算支出累计线和实际进度实际支出累计线,并进行比较,了解施工过程中费用的节约或超支情况。

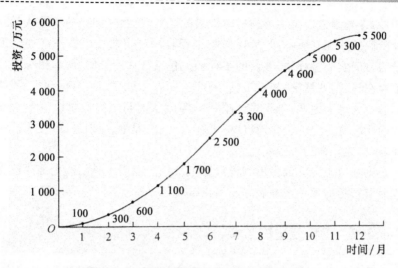

图 6-4　时间投资累计曲线(S 形曲线)

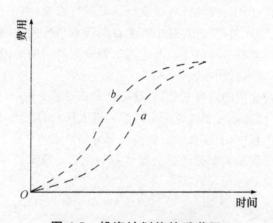

图 6-5　投资计划值的香蕉图

a—所有工作按最迟开始时间开始的曲线；

b—所有工作按最早开始时间开始的曲线

6.2　工程变更和合同价款的调整

6.2.1　工程变更的概念

制定建设工程合同是在了解合同签订阶段静态的承发包范围、设计标准和施工条件的基础上进行的,但是工程建设项目在建设过程中会受到自然条件、客观因素以及不可预料的因素的影响,这会使项目的实际状况与招投标阶段的状况有所不同,从而影响工程合同制定阶段的静态前提。工程建设项目的实施过程中,涉及的工程变更包括设计图纸的修改,招标工程量清单存在错、漏的情况,施工工艺、顺序和期限的更改,为完成合同工程需要追加的工作等。因此,工程建设项目的实际状况与招投标阶段或合同签订阶段的状况有一定的变化,具体体现在设计、工程量、计划进度、使用材料等方面,这些变化即为工程变更。

凡是在以上各方面做出与设计图纸及技术说明不符的改变都要按规定的程序履行相应的手续并做好记录以备查阅。

6.2.2　工程变更的分类

若根据工程变更的起因对其进行分类,则会包含许多不同的工程变更,如工程环境变化;由于设计错误,对设计图纸进行修改;由于相关技术的更新,需要调整工程计划;发包人对工程项目的要求出现变化;相关法律法规对工程项目的规范有所调整等。上述对工程变更产生的原因,相互之间并不是独立的,不能进行严格区分。

工程变更按变更的内容划分,一般可分为工程量变更、工程项目的变更(如发包人提出增加或者删减原项目内容)、进度计划的变更、施工条件的变更等。在实际工程中,上述某种变更会引起另一种或几种变更,如工程项目的变更会引起工程量的变更甚至进度计划的变更。通常情况下,将工程变更分为如下两类。

1. 设计变更

若在施工阶段出现设计变更,会对施工进度造成很大影响。因此,应尽可能地控制施工阶段的设计变更,若无法避免,则必须根据国家的有关规定和签订的合同进行设计变更。

如变更超过原批准的建设规模或设计标准的,须经原审批部门审查批准,并由原设计单位提供变更的相应图纸和说明。发包人办妥上述事项后,通过监理人向承包人发出变更指示,承包人根据变更指示要求进行变更,由此造成合同价款的支出增加,使承包人遭受损失。发包人应承担其损失,并且允许工期顺延。

2. 其他变更

除设计变更外,其他能够导致合同内容变更的则为其他变更。如双方对工程质量要求的变化、双方对工期要求的变化、施工条件和环境的变化导致施工机械和材料的变化等,上述变更均由双方协商解决。

6.2.3　工程变更控制的要求

在施工阶段工程造价的控制中,应加强对工程变更的控制,具体要求如下:

(1)对工程中出现的必要变更应及时更改

如果出现了必须变更的情况,应当尽快变更。变更早,损失小。

(2)对发出的变更指令应及时落实

发出工程变更的指令后,应尽快落实指令,修改涉及的文件。承包人应予以配合,抓紧落实变更指令,若承包人未全面落实相关指令,需由承包人承担造成的损失。

(3)对工程变更的影响应当进行深入分析

对变更大的项目应坚持先算后变的原则。即不得突破标准,造价不得超过批准的限额。

工程变更会增加或减少工程量,引起工程价格的变化,影响工期,甚至质量,造成不必要的损失,因而要进行多方面严格控制,控制时可遵循以下原则:①不随意提高建设标准;②不扩大建设范围;③加强建设项目管理,避免对施工计划的干扰;④制定工程变更的相关制度;⑤明确合同责任;⑥建立严格的变更程序。

6.2.4　工程变更的处理

1.《建设工程施工合同(示范文本)》条件下的工程变更处理

工程变更可由发包人和监理人提出。变更指示必须由监理人发出,且监理人在得到发包人同意后才能发出指示。承包人实施工程变更,应在接收到发包人签认的变更指示后进行。承包人不能擅自变更工程项目。对于设计变更,需要由设计人员提供变更后的图纸及其说明。若变更之后的设计标准超出了之前的标准,则需要发包人及时办理规划、设计变更等审批手续。

(1)工程变更的程序

工程变更程序一般由合同规定。另外合同相关各方还会基于合同规定程序制定变更管理程序,对合同规定程序进行延伸和细化,对于建设单位而言一个好的变更管理程序必须要保证变更的必要性、可控性和责权明确性,实现变更决策科学、费用计取清晰和变更执行有效。

工程变更的控制程序如图 6-6 所示。

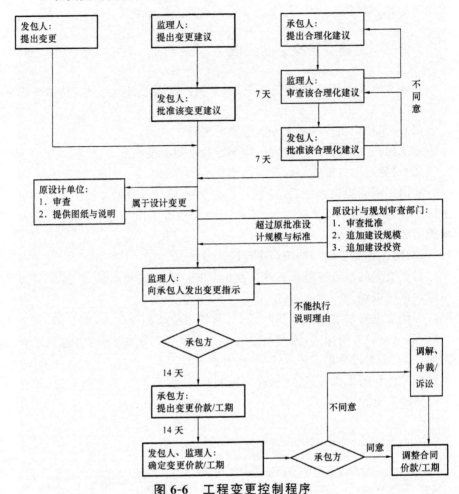

图 6-6　工程变更控制程序

(2)工程变更后合同价款确定的程序

《建设工程施工合同(示范文本)》中规定工程变更后估价程序如下:承包人接收到变更指示后,应在 14 天内向监理人提交变更估价申请。在监理人接收到估价申请后,应在 7 天内完成审查并发送给发包人,若监理人对该申请有建议时,应由承包人进行修改再重新提交申请。发包人接收到承包人的申请后,应在 14 天内完成审批。若发包人未在该期限内完成审批或没有提出建议,则认为发包人同意承包人的申请。

因变更引起的价格调整应计入最近一期的进度款中支付。

(3)建设工程工程量清单计价规范中工程变更后的计价

《建设工程工程量清单计价规范》(GB50500—2013)的工程量清单计价

规定为:承包人应严格按照发包人的设计图纸进行施工,若在施工阶段发现设计图纸与工程量清单中的某一项目不符,并且该差异会使工程造价发生变动,则应按照实际工程阶段的项目特征,根据工程量清单计价规范中的有关规定重新制定工程量清单中的综合单价,并对合同价款进行调整。该规范中有关合同价款的确定方法为:

①由工程变更造成已标价工程量清单项目或其工程数量有所改变,则应根据如下规定调整合同价款:

经工程变更的项目能在工程量清单中找到相同或类似的项目,则使用该项目的单价;若工程变更改变了项目的工程数量,增加超过 15% 的工程量时,应适当降低增加工程量的综合单价;减少超过 15% 的工程量时,应适当提高减少工程量的综合单价。

已标价工程量清单中没有适用但有类似于变更工程项目的,可在合理范围内参照类似项目的单价。

已标价工程量清单中没有适用也没有类似于变更工程项目的,承包人应按照工程变更资料、计量办法、有关部分规定的信息价格以及承包人的报价浮动率来提出工程变更项目的单价,经由发包人确认后进行调整。采用以下公式计算承包人报价浮动率:

招标工程:

$$承包人报价浮动率 L = (1 - 中标价/招标控制价) \times 100\%$$

非招标工程:

$$承包人报价浮动率 L = (1 - 报价/施工图预算) \times 100\%$$

已标价工程量清单中没有适用也没有类似于变更工程项目的,而且有关部门并未发布相关信息价格的情况下,承包人应根据工程变更资料、计价办法以及通过市场调查等获得市场价格来提出工程变更项目的单价,经由发包人确认后进行调整。

②由于工程变更造成施工方案以及措施项目出现变化,承包人应及时提出调整措施项目费的申请,向发包人提出拟实施方案,同时说明与原方案相比的具体调整。经由发承包双方确认,才能进行拟实施方案,调整措施项目费时应注意如下规定:

安全文明施工费应根据实际发生变化的措施项目按国家或省级、行业建设主管部门的规定计算。

采用单价计算的措施项目费,应按照实际发生变化的措施项目,按上条所述的规定确定单价。

根据总价计算的措施项目费,也应按照实际发生变化的措施项目进行调整,除此之外,还应根据承包人报价浮动率进行计算。

若承包人没有向发包人提出拟实施方案，即认为工程变更并未造成措施项目费调整或者承包人放弃此项权利。

③若并非承包人造成的，仅仅由发包人提出的工程变更，对合同中的某项工作进行了删减，由此造成承包人多支付费用或（和）减少收益。此种情况下，承包人应向发包人提出进行相应补偿。

（4）变更引起的工期调整

《建设工程施工合同（示范文本）》的通用合同条款中规定：因变更引起工期变化的，合同当事人均可要求调整合同工期，由合同当事人按合同中"商定或确定"条款规定处理，并参考工程所在地的工期定额标准确定增减工期天数。

2. FIDIC 合同条件下的工程变更

FIDIC 合同条件规定，工程师认为有必要对工程项目的质量或数量等提出变更指令，那么就需要对其进行变更；另外，若工程师没有发布指令，那么承包商不能进行任何工程变更（工程量表上规定的增加或减少工程量除外）。

（1）FIDIC 合同条件下工程变更的范围

合同履行阶段的工程变更是正常的工程管理工作，因此，工程师能够根据工程的实际情况发布变更指令，一般包括如下几个方面：

①改变合同中涉及的工作工程量。招标阶段制定的工程量清单中的工程量是根据招标图纸的量值确定的，承包人依据该工程量编制投标文件中的施工组织及报价，因此，在具体工程实施过程中实际工程量会与计划值有一定差距。

②任何工作质量或其他特性的变更。

③工程任何部分标高、位置和尺寸的改变。

④删减任何合同约定的工作内容。

⑤改变原定的施工顺序或时间安排。

⑥新增工程。增加与合同规定的工作范围性质一致的工作内容，并且不能通过变更指令向承包人提出扩大施工设备范围的要求。

（2）FIDIC 合同条件下工程变更的程序

在颁发工程接收证书之前，工程师都可以提出工程变更，主要通过发布工程变更指令或要求承包人提交建议书等方式进行，其主要程序为：

①提出工程变更要求。可以由承包人、业主或工程师提出。

②工程师审查变更。无论是由哪一方提出工程变更的要求，都需要工程师进行审查，在审查过程中，应及时与业主和承包人进行合理协商。

③编制工程变更文件。工程变更文件包括：工程变更令，介绍变更的理

由和工程变更的概况,工程变更估价及对合同价的影响;工程量清单,工程变更的工程量清单与合同中的工程量清单相同,并附工程量的计算公式及有关确定工程单价的资料;设计图纸及说明;其他有关文件。

④发出变更指示。工程师以书面形式发出工程变更指令。特殊情况下,工程师可以通过口头形式发出指令,并应尽快补充书面形式进行确认。工程变更申请表见表 6-2。

表 6-2 工程变更申请表

申请人:	申请表编号:		合同号:
变更的分项工程内容及技术资料说明			
工程号: 施工段号:	图号:		
变更依据		变更说明	
变更所涉及的资料			
变更的影响: 技术要求: 对其他工程的影响:	工程成本: 材料: 机械: 劳动力:		
计划变更实施日期			
变更申请人(签字)			
变更批准人(签字)			
备注			

(3)FIDIC 合同条件下工程变更的计价

工程变更后需按 FIDIC 合同条件的规定对变更影响合同价格的部分进行计价。如果工程师认为适当,应以合同中规定的费率及价格进行估价。

1)变更估价原则

计算变更工程应采用的费率或价格可分为以下三种情况。

①工程量清单中有适用于变更工作的计价方法时,应采用费率来计算

变更工程费用。

②工程量清单中有与变更工程同类的项目,但是其计价方法并不适用,此时应根据原单价和价格来制定合适的新单价或价格。

③工程量清单中没有与变更工程同类的项目时,应遵循与合同单价水平一致的原则来制定新的费率或价格。

为了支付方便,在费率和价格没有取得一致意见前,工程师应确定暂行费率和价格,列入期中暂付款中支付。

2)可以调整合同工作单价的原则

若满足以下条件,则应调整某项工作的费率或单价。

①该项工作的实际工程量与工程量清单或其他报表中规定的工程量相差超过10%。

②工程量的变更与对该项工作规定的具体费率的乘积超过了接收的合同款额的0.01%。

③由此工程量的变更直接造成该项工作每单位工程量费用的变动超过1%。

3)删减原定工作后对承包商的补偿

在工程师提出删减部分工作的指令后,承包人便停止进行该部分工作,虽然并未影响合同价格中的直接费用,但是损失了用于该部分的间接费、利润和税金。对于该项损失,承包人能够向工程师提交相关证明,经工程师与合同双方协商来确定补偿金并加入合同价中。

6.3 工程索赔

6.3.1 工程索赔的概念和分类

1. 工程索赔的概念

工程索赔是指在工程承包合同履行中,当事人一方由于另一方未履行合同所规定的义务或者出现了应当由对方承担的风险而遭受损失时,向另一方提出赔偿要求的行为。

2. 工程索赔的分类

工程索赔按不同的分类方法有所不同。

(1)按索赔有关当事人不同分类

①承包人同业主之间的索赔。最常见的是承包人向业主提出的工期索

赔和费用索赔。

②总承包人和分包人之间的索赔。总承包人和分包人,按照他们之间所签订的分包合同,都有向对方提出索赔的权利,以维护自己的利益,获得额外开支的经济补偿。

(2)按索赔目的分类

①工期索赔。承包人向发包人要求延长工期,合理顺延合同工期。由于合理的工期延长,可以使承包人免于承担误期罚款(或误期损害赔偿金)。

②费用索赔。承包人要求取得合理的经济补偿,即要求发包人补偿不应该由承包人自己承担的经济损失或额外费用,或者发包人向承包人要求因为承包人违约导致业主的经济损失补偿。

(3)按发生索赔的原因分类

如图 6-7 所示,按发生索赔的原因可进行如下分类。

按发生索赔的原因分类
- 增加(或减少)工程量索赔
- 地基变化索赔
- 工程延误索赔
- 工程加速索赔
- 工程质量缺陷索赔
- 不利自然条件及人为障碍索赔
- 工程范围变更索赔
- 合同文件错误索赔
- 暂停施工索赔
- 合同违约索赔
- 合同被迫终止索赔
- 设计图纸提供拖延索赔
- 拖延付款索赔
- 物价上涨索赔
- 业主风险索赔
- 法规、标准与规范变更索赔等
- 特殊风险索赔
- 不可抗拒天灾索赔

图 6-7　按发生索赔的原因分类

(4)按索赔的处理方式分类

单项索赔采取的是一事一索赔的方式,也就是说,在履行合同的过程中,某一干扰事件发生时,或发生后立即进行索赔,具体包括在合同规定的有效期内,提交索赔通知书,编报索赔报告书等来要求进行单项解决支付。

总索赔又叫一揽子索赔或综合索赔。一般在工程竣工前,承包商将施工过程中未解决的单项索赔集中起来,提出一篇总索赔报告。合同双方在工程交付前后进行最终谈判,以解决索赔问题。

6.3.2 工程索赔的处理原则和程序

1. 工程索赔的处理原则

(1)必须按照合同进行索赔

不论是由于风险因素造成的,还是由于当事人未按照合同实施工程,都应该从合同中找到一定依据。不过,有些依据是隐含在合同中的,工程师需要根据合同和实际情况进行索赔。不同的合同条件中具有不同的依据,例如由于不可抗力造成的索赔,《建设工程施工合同(示范文本)》条件下,承包人的机械设备损坏由承包人承担,不需要向发包人索赔;FIDIC 合同条件下,由于不可抗力造成的损失需要由业主承担。在签订具体的合同时,又具有不同的协议条款,这样索赔的依据就相差更大了。

(2)及时、合理地处理索赔

发生索赔事件后,应及时提出索赔,并及时进行索赔处理。若不及时进行索赔,那么会使双方遭受不利影响,例如承包人的索赔长期得不到有效解决,那么会造成资金困难,阻碍工程进度,从而不利于合同双方。

处理索赔时还应依据合理性,不仅要依据国家的相关法律法规,还要考虑工程的具体情况,如承包人提出索赔要求,机械停工按照机械台班单价计算损失显然是不合理的,因为机械停工不发生运行费用。

(3)加强主动控制,减少工程索赔

在工程管理过程中,应事先做好工作,尽量控制索赔事件的发生。这样能够使工程更顺利地进行,减少工程投入、缩短工程时间。

2. 工程索赔的程序

施工索赔的程序有严格的规定,施工索赔程序如图 6-8 所示。

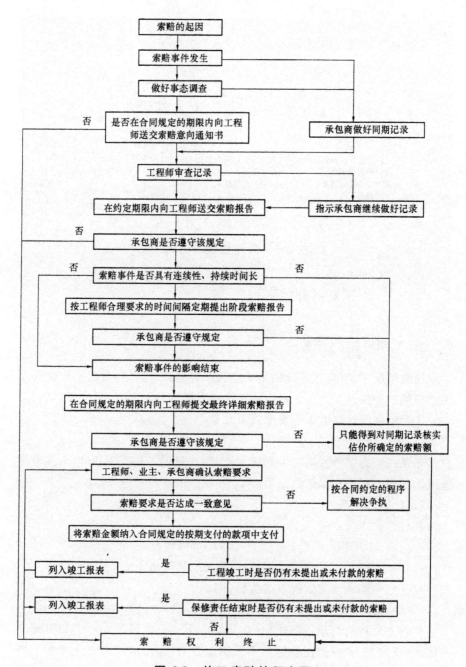

图 6-8　施工索赔的程序图

3. 索赔处理的时限

索赔处理的时限如图 6-9 所示。

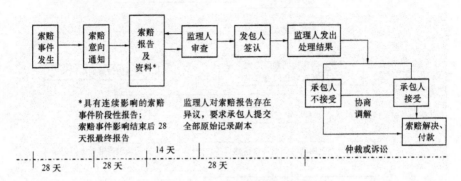

图 6-9　索赔处理的时限

6.3.3　工程索赔的计算

1. 工期索赔的计算

通常情况下,工期索赔指的是承包人在合同的指导下,对由于非自身原因造成的工期延误向发包人提出的工期顺延要求。

工期索赔的计算方法主要有以下几种:

(1)直接法

若某一干扰事件发生在关键项目上,因此延误了总工期,应把干扰事件造成的延误时间当作工期索赔值。

(2)比例计算法

其计算公式为:

工期索赔值=受干扰部分工程的合同价/原合同总价×
该受干扰部分工期拖延时间

对于已知额外增加工程量的价格,则

工期索赔值=额外增加的工程量的价格/原合同总价×原合同总工期

此种方法较为简单,不过也存在与实际不相符的情况。对于变更施工顺序、加速施工、删减工程量等并不采用该方法。另外,还需明确产生工期延误的责任归属。

(3)网络图分析法

该法是依据进度计划的网络图,对关键线路进行分析。若延误了关键工作,那么延误的时间即为工期索赔值;若延误的不属于关键工作,由于延误超过时差从而看作关键工作后,工期索赔值为延误时间与时差的差值;若工作延误后并未成为关键工作,那么就不用进行工期索赔。

2. 索赔费用的计算

（1）索赔费用的组成

索赔费用的组成部分与施工承包合同价所包含的内容相似,也是由直接费、间接费、利润和税金组成,但国际通行的可索赔费用与此是有区别的,主要是建筑安装工程直接费。一般承包商可索赔的具体费用如图 6-10 所示。

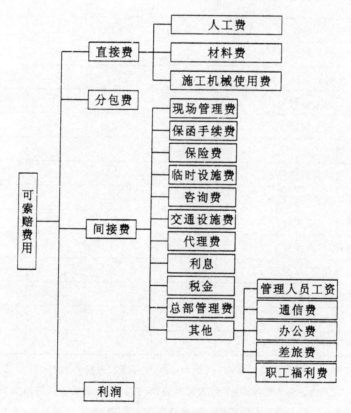

图 6-10　国际通行的可索赔费用

在具体分析费用的可索赔性时,应对各项费用的特点和条件进行审核论证。《施工索赔》一书（J. Adrian 著）对承包商提出索赔款的组成部分进行了详细的具体划分,并指明在最常见的四种不同种类的施工索赔中,哪些费用是可以得到补偿的,哪些费用是需要通过分析而决定能否得到补偿的,哪些费用则一般不能得到补偿,如表 6-3 所示。

表 6-3　索赔费的组成部分及其可索赔性分析表

施工索赔费的组成部分	不同原因引起的最常见的四种索赔			
	工程延期索赔	施工范围变更索赔	加速施工索赔	施工条件变化索赔
由于工程量增大而新增现场劳动时间的费用	○	√	○	√
由于工效降低而新增现场劳动时间的费用	√	*	√	*
人工费提高	√	*	√	*
新增的建筑材料用量	○	√	*	*
建筑材料单价提高	√	√	*	*
新增加的分包工程量	○	√	○	*
新增加的分包工程成本	√	*	*	√
设备租赁费	*	√	√	√
承包商原有设备的使用费				
承包商新增设备的使用费	*		*	*
工地管理费(可变部分)	*	√	*	√
工地管理费(固定部分)	√		○	*
公司总部管理费(可变部分)	*	*	*	*
公司总部管理费(固定部分)	√	*	*	*
利润	*	√	*	√
可能的利润损失	*	*	*	*

表 6-3 中对各项费用的可索赔性(是否应列入索赔款额中去)的分析意见,用三种符号标识:"√"代表应该列入;"*"代表有时可以列入,亦即应通过合同双方具体分析决定;"○"表示一般不应列入索赔款。这些分析意见系按一般的索赔而论。

(2)索赔费用的计算方法

应依据赔偿实际损失来计算索赔费用,这里的损失可分为直接损失和间接损失。具体来说,有以下几种计算方法。

①实际费用法:其是工程索赔计算时最常用的一种方法。

具体的计算过程为,首先分别根据各索赔事件造成的损失计算相应的索赔值,然后汇总各索赔值,即为总索赔费用。该方法依据承包人对某项索赔项目的实际支出进行索赔,并且仅包括由索赔事项造成的、在原计划之外的支出,因此又称作额外成本法。这种方法比较复杂,但能客观地反映施工单位的实际损失,比较合理,易于被当事人接受,在国际工程中被广泛采用。

②总费用法,又称作总成本法。该方法是在发生多起索赔事件后,计算工程的实际总费用,再用该费用减去投标报价估算的总费用,该差值就是索赔值。其计算公式为:

$$索赔金额 = 实际总费用 - 投标报价估算总费用$$

③修正总费用法,此法是对总费用法的完善,具体来说,是在总费用计算的基础上,除去部分不确定因素,进而对总费用法做出调整,使索赔费用的计算更加合理。其计算公式为:

$$索赔金额 = 某项工作调整后的实际总费用 - 该项工作的报价费用$$

6.4　工程价款结算

工程价款结算是指承包商在工程实施过程中,依据承包合同中有关付款条款的约定和已经完成的工程量,并按照规定的程序向业主收取工程款的一项经济活动。

6.4.1　概述

1. 工程价款的结算方式

我国现行工程价款结算根据不同情况可采取多种方式,见表 6-4。

表 6-4　工程价款的结算方式

结算方式	说明	应用条件
按月结算	在旬末或月中预支,月中结算,竣工后清理	
竣工后一次性结算	每月月中预支,在合同完成后由承包人与发包人进行结算,工程价款为合同双方结算的合同价款总额	工程建设项目或单项工程的全部建设期不超过 12 个月,或工程承包合同价不超过 100 万元

续表

结算方式	说明	应用条件
分段结算	根据工程进度划分的不同阶段进行结算。分段标准由直辖市、自治区的有关部门规定	当年开工、当年不能竣工的单项工程或单位工程
按目标结算方式	将工程的具体内容分解为不同验收单元,在承包人完成单元工程且由监理工程师验收合格后,由业主支付相应的工程价款	在合同中应明确设定控制面,承包商要想获得工程款,必须按照合同约定的质量标准完成控制面工程内容
其他方式		双方事先约定

2. 工程价款的支付过程

在实际工程中,工程价款的支付不可能一次完成,一般分为三个阶段,即开工前支付的工程预付款、施工过程中的中间结算和工程完工、办理完竣工手续后的竣工结算,如图 6-11 所示。

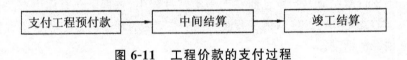

图 6-11 工程价款的支付过程

6.4.2 工程预付款及其计算

1. 工程预付款的性质

施工企业承包工程一般实行包工包料,这就需要有一定数量的备料周转金。工程预付款是指在开工前发包人提前拨付给承包单位的,用于购买施工所需的材料和构件,保证工程正常开工的一定数额的备料款,又称预付备料款。

签订工程承包合同时,应标明发包人在施工前需拨付给承包人的工程预付款。该款项作为工程的流动资金用于为承包工程提供主要材料和结构件等,仅用于施工开始时的动员费用。若出现承包人滥用该款项的情况,那么发包人有权收回。

2. 工程预付款的限额

工程预付款的额度按各地区、部门的规定并不完全相同,决定工程预付款限额的主要因素有：主要材料占工程造价的比重、材料储备期、施工工期、建筑安装工程量等，一般根据这些因素测算确定。

（1）在合同条件中约定

发包人根据工程的特点、工期的长短、市场行情、供求规律等因素，在进行招标时应在合同中确定工程预付款的百分比。

对于包工包料的工程，应按照合同中的规定拨付款项，通常来说，预付款的百分比不能低于合同金额的 10%，不能高于合同金额的 30%。对于重大的工程项目，应根据年度计划按年支付工程预付款。

（2）公式计算法

利用主要材料占年度承包工程总价的比重、材料储备定额天数和年度施工天数等，通过公式计算工程预付款。计算公式如下：

$$工程预付款数额 = \frac{工程总价 \times 主要材料比重}{年度施工天数} \times 材料储备定额天数$$

$$工程预付款比率 = \frac{工程预付款数额}{工程总价} \times 100\%$$

一般情况下，年度施工天数为 365 天，材料储备定额天数受当地材料供应的在途天数、加工天数、整理天数、供应间隔天数、保险天数等因素影响。

3. 工程预付款的拨付时限

工程预付款的支付时间和金额应符合工程合同的规定，在施工开始后，在约定的时间按比例逐次扣回。具体拨款时间不能晚于约定开工时间的前 7 天，如果发包人没有按时拨付预付款，承包人可在约定时间 10 天后向其发出预付通知。发包人收到通知后并未按要求预付，承包人可在发出通知 14 天后停止施工，发包人应从约定应付之日起向承包人支付应付款的贷款利息，并承担违约责任。

4. 工程预付款的扣回

发包人拨付给承包商的工程预付款属于预支的性质。开工后，随着工程储备材料的减少，需要以抵充工程款的形式陆续扣回。预付款开始扣回的时间即为起扣点，通常按照以下方法进行计算。

方法一：从未施工工程所需主要材料的价值与预付备料款额相当时开始扣回，在结算的工程款项中按材料的比重抵扣工程价款，并在竣工前扣清。

$$未完工程材料款 = 预付备料款$$

未完工程材料款＝未完工程价值×主材比重

＝（合同总价－已完工程价值）×主材比重

预付备料款＝（合同总价－已完工程价值）×主材比重

$$已完工程价值（起扣点）＝合同总价－\frac{预付备料款}{主材比重}$$

可表示为：

$$T = P - \frac{M}{N}$$

式中，T 为起扣点，也就是预付备料款开始扣回时累计完成的工作量金额；M 为预付备料款限额；N 为主要材料所占比重；P 为承包工程价款总额。

方法二：在承包人完成工程的金额占合同总价的比重达到一定值（该值由双方协商确定）后，由发包人从应付给承包人的工程款项中扣回，且应在约定的完工期前三个月以逐次分摊的方法进行，以使承包商将预付款还清。

当工程款支付达到起扣点后，从应签证的工程款中按材料比重扣回预付备料款。若发包人向承包人支付的价款低于合同规定扣回的金额时，应在下次支付时作为债务结转补齐差额。

6.4.3 工程进度款结算

施工企业在施工过程中，按每个月完成的工程量计算工程的各项费用，并采用规定的结算方式，向建设单位办理工程进度款结算，也就是中间结算。

1. 工程进度款结算过程

工程进度款的结算步骤为：

①根据每月所完成的工程量依照合同计算工程款。

②计算累计工程款。如果累计的工程款低于起扣点，那么根据工程量计算出的工程款就是应支付的工程款；如果累计的工程款高于起扣点，那么按照下面的公式计算应支付的工程款。

$$\begin{aligned}累计工程款超过起扣点的\\当月应支付工程款\end{aligned} = \begin{aligned}&当月完成工作量－\\&（截至当月累计工程款－起扣点）×\\&主要材料所占比重\end{aligned}$$

累计工程款超过起扣点的以后各月应支付的工程款 ＝当月完成的工作量×(1－主要材料所占比重)

③中间结算主要由工程量的确认和合同收入组成。

2. 工程进度款支付要点

在工程进度款支付过程中,应掌握以下要点。

(1)工程量的确认

承包人应在合同规定的时间内向监理工程师提交已完成工程量的报告。工程师应在收到报告后的 14 天内依据设计图纸进行计量(核实已完成的工程量),需在计量前 24 小时通知承包人,由承包人提供便利条件来协助计量工作。承包商收到通知不参加计量的,计量结果有效,据此来支付工程价款。

工程师在收到报告后 14 天内没有进行计量,从第 15 天起,承包人提交的工程量即为被确认的工程量,据此来支付工程价款。工程师没有及时通知承包人,使后者没有进行计量,那么得到的计量结果视为无效。

承包商超出设计图纸范围和因承包人原因造成返工的工程量,工程师不予计量。因为这部分的施工是承包商为保证质量而采取的技术措施,费用由施工单位自己承担。

(2)合同收入组成

按中华人民共和国财政部制定的《企业会计准则第 15 号——建造合同》的规定,建设工程合同收入由合同中规定的初始收入和由于各种原因造成的追加收入两部分组成。追加收入并没有包含在合同金额中,故在计算保修金等利用合同金额进行计算的款项时,不能考虑此部分收入。

(3)保修金的扣除

在合同中应规定出工程造价中预留的尾留款来作质量保修费用,即为保修金。通常应在结算过程中扣除保修金,其扣除方式包含以下两种,这里以保修金占合同总额的 5% 进行计算。

方式一:先进行正常结算,当结算的工程进度款占合同金额的 95% 时,则停止支付,剩下的部分为保修金。

方式二:先扣除保修金,直到全部扣完,具体来说,是从第一次支付工程进度款时即根据合同的规定扣除一定比例的保修金,直至扣除的金额达到合同总额的 5%。

6.4.4　工程竣工结算

工程竣工结算指的是施工方完成合同规定的工程项目,验收合格后,向发包人进行的最终工程价款结算。

1. 工程竣工结算过程

①承包人向发包人提交工程竣工验收报告并得到其认可的 28 天内,还需提交竣工结算报告及结算资料,由双方根据约定的合同价款进行工程竣工结算。

②发包人在接收到承包人提交的结算资料 28 天内进行审核,进行确认或提出修改建议。承包人在收到竣工计算价款的 14 天内向发包人交付竣工工程。

③发包人在接收到承包人提交的结算资料 28 天内,若没有正当理由而未支付竣工结算价款,则从第 29 天开始应按承包人向银行贷款的利率来支付拖欠的工程价款利息,进而承担相应的违约责任。

④发包人在接收到承包人提交的结算资料 28 天内不支付工程竣工结算价款,承包人能够向发包人催告结算价款。若发包人在接收到结算资料的 56 天内仍未支付,承包人可以与发包人进行协商将工程折价,或由承包人向法院申请拍卖该工程,工程折价或拍卖的价款应优先赔偿给承包人。

⑤发包人确认工程竣工验收报告的 28 天后,承包人未向发包人提交竣工计算报告及结算资料,造成竣工结算不能正常进行或竣工结算价款不能及时支付。若发包人要求交付工程,则承包人应当交付;若发包人不要求交付工程,则由承包人进行保管。

2. 工程竣工结算价款的计算

按照下式计算工程竣工结算价款:

工程竣工结算价款=合同价款+施工过程中预算或合同价款调整数额-预付及已结算工程价款-保修金

6.4.5　工程价款的动态结算

由于工程建设项目需要的时间较长,在建设期内会受到多种因素的影响,具体包括人工、材料、施工机械等因素。进行工程价款结算时,应综合考虑多种动态因素,来反映工程项目的实际消耗费用。

下面介绍几种常用的动态调整方法。

1. 实际价格结算法

实际价格结算法,又称票据法,也就是施工企业凭发票报销的方法。采用该法,并不利于承包人降低成本。因此,通常由地方主管部门定期公布最高结算限价,并在合同中规定建设单位有权要求承包人选择更低廉的供应来源。

2. 工程造价指数调整法

采取当时的预算或概算单价来确定承包合同价,等到工程结束时,根据合理的工期和当地工程造价管理部门制定的工程造价指数,对合同价款进行调整。

3. 调价文件计算法

调价文件计算法是指按当时预算价格承包,在合同期内,按造价管理部门文件的规定,或由定期发布的主要材料供应价格和管理价格进行补差的方法。其计算公式为:

$$调差值 = \sum 各项材料用量 \times (结算期预算指导价 - 原预算价格)$$

4. 调值公式法

在国际上,通常采用调值公式法进行工程价款结算。在合同中应给出调值方式,据此来调整价差。

建筑安装工程调值公式一般包括人工、材料、固定部分。

$$P = P_0 \left(a_0 + a_1 \frac{A}{A_0} + a_2 \frac{B}{B_0} + a_3 \frac{C}{C_0} + a_4 \frac{D}{D_0} \right)$$

式中,P 为调值后合同价或工程实际结算价款;P_0 为合同价款中工程预算进度款;a_0 为合同固定部分、不能调整的部分占合同总价的比重;a_1、a_2、a_3、a_4 为调价部分(人工费用、钢材、水泥、运输等各项费用)在合同总价中所占的比例;A_0、B_0、C_0、D_0 为基准日对应各项费用的基准价格指数或价格;A、B、C、D 为调整日期对应各项费用的现行价格指数或价格。

6.5　投资偏差分析

6.5.1　偏差

在工程施工阶段,在随机因素和风险因素的作用下,通常会使实际投入与计划投入、实际工程进度与计划工程进度产生差异,前者称为投资偏差,后者称为进度偏差。

$$投资偏差＝已完工程实际投资－已完工程计划投资$$
$$＝实际工程量×（实际单价－计划单价）进度偏差$$
$$＝已完工程实际时间－已完工程计划时间$$

为了与投资偏差联系起来，进度偏差也可表示为：

$$进度偏差＝拟完工程计划投资－已完工程计划投资$$
$$＝（拟完工程量－实际工程量）×计划单价$$

当投资偏差计算结果为正值时，表示投资增加；计算结果为负值时，表示投资节约。当进度偏差计算结果为正值时，表示工期拖延；计算结果为负值时，表示工期提前。

6.5.2 偏差分析方法

常用的偏差分析方法有如下几种。

1. 横道图分析法

用横道图法进行造价偏差分析，是用不同的横道标识已执行工作预算成本（BCWP，已完工程计划造价）、计划执行预算成本（BCWS，拟完工程计划造价）和已执行工作实际成本（ACWP，已完工程实际造价）。

在实际工程中，有时需要根据拟完工程计划投资和已完工程实际投资确定已完工程计划投资后，再确定投资偏差、进度偏差。

横道图法的投资偏差分析表如图 6-12 所示，其中，横道的长度与金额成正比。此法具有清晰直观、具体形象的优点，但仅能呈现较少的信息，多用于项目管理的较高层次。

2. 时标网络图法

在双代号网络图中，利用水平时间坐标代表工作时间，其具体单位包括天、周、月等，如图 6-13 所示。通过时标网络图能够掌握各时间段的拟完工程计划投资；根据实际施工情况可以得到已完工程实际投资；利用时标网络图中的实际进度前锋线并经过计算，可以得到每一时间段的已完工程计划投资；最后再确定投资偏差、进度偏差。

3. 表格法

表格法是进行偏差分析最常用的一种方法，应依据工程的实际情况、数据来源、投资控制的有关要求等来设计表格。制得的投资偏差分析表可反映各类偏差变量和指标,进而便于相关人员更加全面地把握工程投资的实际情况。此法具有灵活、适用性强、信息量大、便于计算机辅助造价控制等特点。如表6-5所示。

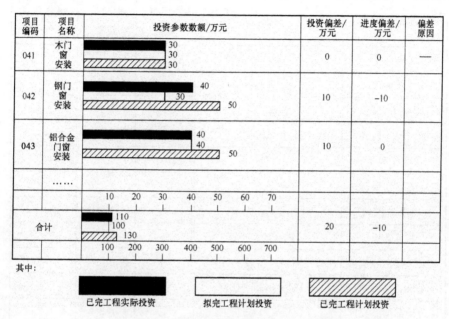

其中：

| 已完工程实际投资 | 拟完工程计划投资 | 已完工程计划投资 |

图6-12　横道图法的投资偏差分析表

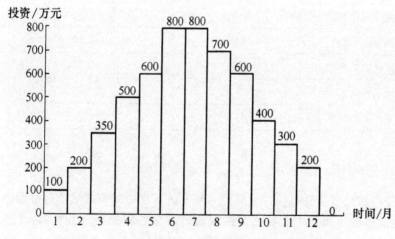

图6-13　时标网络图上按月编制的投资使用计划

表 6-5　投资偏差分析表

项目编码	(1)	041	042	043
项目名称	(2)	木门窗安装	钢门窗安装	铝合金门窗安装
单位	(3)			
计划单价	(4)			
拟完工程量	(5)			
拟完工程计划造价	$(6)=(4)\times(5)$	30	30	40
已完工程量	(7)			
已完工程计划造价	$(8)=(4)\times(7)$	30	40	40
实际单价	(9)			
其他款项	(10)			
已完工程实际造价	$(11)=(7)\times(9)+(10)$	30	50	50
造价局部偏差	$(12)=(11)-(8)$	0	10	10
造价局部偏差程度	$(13)=(11)\div(8)$	1	1.25	1.25
造价累计偏差	$(14)=\sum(12)$			
造价累计偏差程度	$(15)=\sum(11)\div\sum(8)$			
进度局部偏差	$(16)=(6)-(8)$	0	-10	0
进度局部偏差程度	$(17)=(6)\div(8)$	1	0.75	1
进度累计偏差	$(18)=\sum(16)$			
进度累计偏差程度	$(19)=\sum(6)\div\sum(8)$			

4. 挣值法

挣值法是度量项目执行效果的一种方法。它的评价指标常通过曲线来表示，所以在一些书中又称之为曲线法。该法是用投资时间曲线（S 形曲线）进行分析的一种方法，通常有三条曲线，即已完工程实际投资曲线、已完工程计划投资曲线、拟完工程计划投资曲线。已完实际投资与已完计划投资两条曲线之间的竖向距离表示投资偏差，拟完计划投资与已完计划投资曲线之间的水平距离表示进度偏差。

（1）挣值法的三个基本参数

①计划执行预算成本（Budgeted Cost of Work Scheduled，BCWS），也称为拟完工程计划造价。

BCWS 是指项目实施过程中某阶段计划要求完成的工作量所需的预算（计划）费用。计算公式如下：

$$BCWS=计划工作量×预算（计划）单价$$

BCWS 可反映进度计划应当完成的工作量的预算（计划）费用。

②已执行工作实际成本（Actual Cost of Work Performed，ACWP），也称为已完工程实际造价。

ACWP 是指项目实施过程中某阶段实际完成的工作量所消耗的费用。计算公式如下：

$$ACWP=已完工程量×实际单价$$

ACWP 主要反映项目执行的实际消耗指标。

③已执行工作预算成本（Budgeted Cost of Work Performed，BCWP），也称为已完工程计划造价。

BCWP 是指项目实施过程中某阶段实际完成工作量按预算（计划）单价计算出来的费用。计算公式如下：

$$BCWP=已完成工作量×预算（计划）单价$$

（2）挣值法的四个评价指标

①费用偏差（Cost Variance，CV）。CV 是指检查期间 BCWP 与 ACWP 之间的差异，计算公式如下：

$$CV=BCWP-ACWP$$

当 CV 为负值时，表示执行效果不佳，即实际消耗费用超过预算值，也就是超支，如图 6-14（a）所示。

当 CV 为正值时，表示实际消耗费用低于预算值，即有节余或效率高，如图 6-14（b）所示。

当 CV 等于零时，表示实际消耗费用等于预算值。

②进度偏差（Schedule Variance，SV）。SV 是指检查日期 BCWP 与 BCWS 之间的差异。计算公式如下：

$$SV=BCWP-BCWS$$

当 SV 为正值时，表示进度提前，如图 6-15（a）所示；

当 SV 为负值时，表示进度延误，如图 6-15（b）所示；

当 SV 为零时，表示实际进度与计划进度一致。

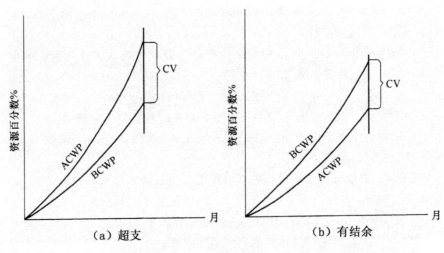

（a）超支 （b）有结余

图 6-14 费用偏差示意图

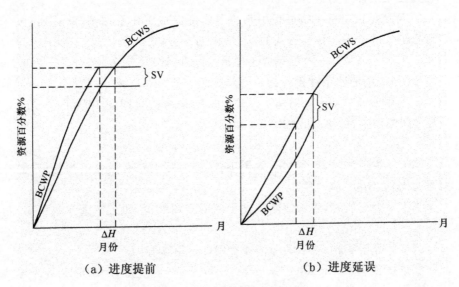

（a）进度提前 （b）进度延误

图 6-15 进度偏差示意图

③费用执行指标(Cost Performed Index,CPI)。CPI 是指预算费用与实际费用值之比。计算公式如下：

$$CPI = BCWP/ACWP$$

当 CPI>1 时,表示实际费用低于预算费用;

当 CPI<1 时,表示实际费用高于预算费用;

当 CPI＝1 时,表示实际费用与预算费用相当。

④进度执行指标(Schedul Performed Index,SPI)。SPI 是指项目挣得值与计划之比。计算公式如下:

$$SPI=BCWP/BCWS$$

当 SPI＞1 时,表示实际进度比计划进度快;

当 SPI＜1 时,表示实际进度比计划进度慢;

当 SPI＝1 时,表示实际进度等于计划进度。

(3)挣值法评价曲线

挣值法评价曲线如图 6-16 所示。图的横坐标表示时间,纵坐标则表示费用。图中 BCWS 按 S 形曲线路径不断增加,直至项目结束达到它的最大值,可见 BCWS 是一种 S 形曲线。ACWP 同样是进度的时间参数,随项目推进而不断增加,也是 S 形曲线。

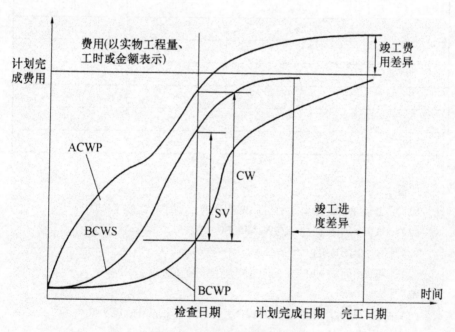

图 6-16　挣值评价曲线图

CV＜0,SV＜0,表示项目执行效果不佳,具体体现为费用超支,进度延误,应采取相应的补救措施。

例 6-1　某项目进展到 21 周后,对前 20 周的工作进行了统计检查,有关情况如表 6-6 所示。

表 6-6　某项目前 20 周各项工作计划和实际费用表

工作代号	计划完成工作预算 费用 BCWS/万元	已完工程量 /%	实际发生费用 ACWP/万元
A	200	100	210
B	220	100	220
C	400	100	430
D	250	100	250
E	300	100	310
F	540	50	400
G	840	100	800
H	600	100	600
I	240	0	0
J	150	0	0
K	1 600	40	800
L	2 000	0	0
M	100	100	90
N	60	0	0

问题：

(1)求出前 20 周每项工作的 BCWP 及 20 周末总的 BCWP；

(2)计算 20 周末总的 ACWP 和 BCWS；

(3)计算 20 周末的 CV 与 SV；

(4)计算 20 周末的 CPI、SPI 并分析费用和进度。

解：

(1) 前 20 周每项工作的 BCWP 及 20 周末总的 BCWP 见表 6-7。

表 6-7　某项目各项工作已执行工作预算成本(BCWP)

工作代号	计划完成工作预算 费用 BCWS/万元	已完工程量 /%	实际发生费用 ACWP/万元	挣值 BCWP /万元
A	200	100	210	200
B	220	100	220	220
C	400	100	430	400

续表

工作代号	计划完成工作预算费用 BCWS/万元	已完工程量/%	实际发生费用 ACWP/万元	挣值 BCWP/万元
D	250	100	250	250
E	300	100	310	300
F	540	50	400	270
G	840	100	800	840
H	600	100	600	600
I	240	0	0	0
J	150	0	0	0
K	1 600	40	800	640
L	2 000	0	0	0
M	100	100	90	100
N	60	0	0	0
合计	7 500	—	4 110	3 820

(2)20 周末总的 ACWP=4 110(万元),BCWS=7 500(万元)

(3) CV=BCWP−ACWP=3 820−4 110=−290(万元)

由于 CV 为负,说明费用超支。

SV=BCWP−BCWS=3 820−7 500=−3 680(万元)

由于 SV 为负,说明进度延误。

(4)CPI=BCWP/ACWP=3 820/4 110=0.93

由于 CPI<1,故费用超支。

SPI=BCWP/BCWS=3 820/7 500=0.51

由于 SPI<1,故进度延误。

6.5.3　投资偏差产生的原因及纠正措施

1. 引起投资偏差的原因

①客观原因。包括人工、材料费涨价,自然条件变化,国家政策法规变化等。

②业主意愿。包括投资规划不当、建设手续不健全、因业主原因变更工

程、业主未及时付款等。

③设计原因。包括设计错误、设计变更、设计标准变更等。

④施工原因。包括施工组织设计不合理、质量事故等。

2. 偏差类型

偏差分为以下四种形式。

①投资增加且工期拖延。该类型是纠正偏差的主要对象。

②投资增加但工期提前。对于此类情况,应注意工期提前会带来的效益;若增加的投资超过增加的收益,应该进行纠偏;若增加的收益超过增加的投资或大致相同,那么就不需要进行纠偏。

③工期拖延但投资节约。此类情况下是否采取纠偏措施要根据实际需要确定。

④工期提前且投资节约。此类情况是最理想的,不需要采取任何纠偏措施。

3. 纠偏措施

(1)组织措施

组织措施指的是进行投资控制的组织管理层面实施的措施。例如,合理安排负责投资控制的机构和人员,明确投资控制人员的任务、权利和责任,完善投资控制的流程等。

(2)经济措施

需要采取的经济措施,既包括对工程量和支付款项进行审核,也包括审查投资目标分解的合理性、资金使用计划的保障性和施工进度计划的协调性。除此之外,还可以利用偏差分析和工程预测来及时发现潜在问题,采取相应的预防措施,更加主动地进行造价控制。

(3)技术措施

采取不同的技术措施会带来不同的经济效果。具体来说,通过不同的技术方案来开展技术经济分析,从而做出正确选择。

(4)合同措施

采用合同措施进行纠偏,即进行索赔管理。无论进行哪一工程项目,都有可能发生索赔事件,在发生此类事件后,应确定索赔依据是否满足合同的要求,有关计算是否合理。

第7章 工程建设项目竣工阶段造价控制

工程竣工阶段的造价控制与管理是工程造价全过程管理的内容之一,对建设单位来说,该阶段的主要工作是会同其他相关部门对工程进行竣工验收,并编制竣工决算文件,以确定建设工程最终的实际造价,并综合反映竣工项目的建设成果和财务情况。

建设项目竣工验收交付使用后,本着对建设单位和建设项目使用者负责的原则,在一定的时间内,施工单位应对建设项目出现的问题负责修理。在对建设项目的问题进行维修过程中发生的费用支出,应该根据所出现问题的具体情况,依照相关规定,由责任方承担费用支出。

7.1 竣工验收

7.1.1 竣工验收的概念

建设项目竣工验收指的是承包人按施工合同完成了工程项目的全部任务,经检验合格,由发包人、承包人和项目验收委员会,依据设计任务书、设计文件以及国家或部门颁发的施工验收规范和质量检验标准,对工程项目进行检验、综合评价和鉴定的过程。竣工验收是建设项目的最后一个环节,是全面检验建设工作、审查投资使用合理性的重要环节,是投资成果转入生产或使用的标志性阶段。

7.1.2 工程竣工验收的范围及依据

1. 工程竣工验收的范围

国家颁布的建设法规指出,凡是新建、扩建及改建的建设项目和技术改造项目,按照符合国家标准的设计文件完成了工程内容,经验收合格,具体指的是,工业投资项目通过负荷试车,能够生产出合格的指定产品;非工业投资项目达到设计要求,可以正常使用,这两类工程项目都应进行及时验收,完成固定资产移交手续。

2. 工程竣工验收的依据

竣工验收的主要依据包括:

①经批准的与项目建设相关的文件,包括可行性研究报告、初步设计、技术设计等。

②工程设计文件,包括施工图纸及说明、设备技术说明书等。

③国家颁布的各种标准和规范。

④合同文件,包括施工承包的工作内容和要求,以及施工过程中的设计修改变更通知书等。

7.1.3 工程竣工验收的方式与程序

1. 建设项目竣工验收的方式

建设项目的竣工验收应遵循一定的程序,按照建设项目总体计划的要求及施工进展的实际情况分阶段进行。根据竣工验收对象的不同,主要包括如下几种竣工验收。

(1)单位工程竣工验收(中间验收)

单位工程竣工验收指的是承包人针对单位工程,独立签订建设工程施工合同,在满足竣工要求后,承包人能单独进行交工,业主则按照竣工验收的依据和标准,对合同中规定的内容进行竣工验收。由监理单位组织,业主和承包人共同参与竣工验收。根据此阶段的验收资料可进行最终验收。按照施工承包合同的约定,施工完成到某一阶段后要进行中间验收,以及主要的工程部位施工在完成隐蔽前需进行验收。

(2)单项工程竣工验收(交工验收)

单项工程竣工验收指的是在总体工程建设项目中,已按照设计图纸完成了某一个单项工程的内容,且具备使用条件或能够生产指定的产品,此时,承包人会向监理单位交出工程竣工报告和报验单,待确认后向业主发出交付竣工验收通知,应说明工程完工情况、竣工验收准备情况、设备无负荷单机试车情况,规定此阶段涉及的工作活动。需要注意的是,该阶段的工作由业主组织,施工单位、监理单位、设计单位及使用单位等有关部门均参与。

通过投标竞争来承包的单项工程,应依据合同规定,由承包人向业主发出交付竣工验收通知请求组织验收。

(3)工程整体竣工验收(动用验收)

工程整体竣工验收指的是已按合同规定完成全部建设项目,并满足竣工验收要求,由发包人组织设计、施工、监理等单位和档案部门在单位工程、单项工程竣工验收合格的基础上进行的活动。对于大中型和超过限额的项目由国家发改委或由其委托项目主管部门或地方政府部门进行验收工作;对于小型和没达到限额的项目由项目主管部门进行验收工作。

2. 建设项目竣工验收的程序

在完成建设项目的建设内容后,各单项工程具备验收条件的情况下,编制有关文件(包括竣工图表、竣工决算、工程总结等),承包人向验收部门申请进行交工验收,由后者按照一定程序对建设项目进行验收。一般情况下,竣工验收的程序如图 7-1 所示。

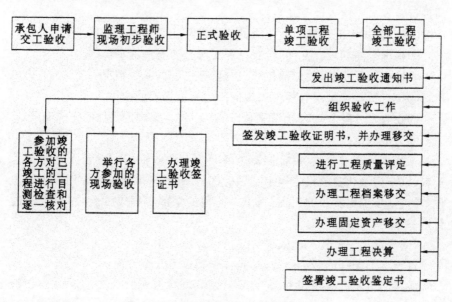

图 7-1　建设项目竣工验收的程序

(1)承包人申请交工验收

已建项目达到了合同中规定的建设内容或移交项目的条件时,便能申请进行交工验收。在建设项目满足竣工要求时,需要对其开展预检验,确保工程质量合格。如不符合要求,应确定相应的补救措施,并进行适当修补。进行以上操作后,应编制相关文件,由承包人提出交工验收的申请。

（2）监理工程师现场初验

监理工程师审查初验报告，进行现场初步验收，主要检验工程的质量是否符合要求以及相关文件是否齐全等。若检查出了任何问题，应将其形成书面文件，下发给承包人，由承包人针对该问题进行整改，问题较为严重时则需要返工。在承包人完成整改工作后，监理工程师再次进行检验，若检验合格，则签署初验报告单，并进行工程质量评估。

（3）正式验收

由业主或监理工程师组织，业主、监理单位、设计单位、施工单位、工程质量监督站等部门共同参与正式验收的过程，其具体工作程序为：

①检查竣工工程，核对相应的工程资料。

②举行现场验收会议。

③办理竣工验收签证书，签字盖章。

（4）单项工程验收

单项工程验收，又称交工验收，依据国家颁布的技术规范和施工承包合同进行验收。应检查以下几点：

①检查、核实准备发给发包人的技术资料的完整性和准确性。

②根据合同和设计文件，检查已完工程是否有遗漏项。

③检查工程质量、关键部位施工与隐蔽工程的验收情况。

④检查试车记录及过程中出现的问题是否需要修改。

⑤在验收过程中，如果有需要修改、返工的，应该规定具体的完成期限。

⑥其他问题。

工程项目通过验收，由合同双方签订交工验收证书。发包人汇总技术资料、试车记录和验收报告等上交主管部门，一经审批便可以使用。一般来说，通过单项工程验收的工程，在下一阶段的全部工程竣工验收时，可不进行进一步的验收操作。

（5）全部工程的竣工验收

进行全部工程的竣工验收时，具体包括以下几个方面：

①发出竣工验收通知书。

②组织竣工验收。

③签发竣工验收证明书。

④进行工程质量评定。

⑤整理各种技术文件材料。

⑥办理固定资产移交手续。

⑦办理工程决算。

⑧签署竣工验收鉴定书。

7.1.4　竣工验收管理

1. 工程竣工验收报告

工程竣工验收应依据经审批的建设文件和工程实施文件,满足国家法律法规及相关部门对竣工条件的规定和合同中规定的验收要求,提出《工程竣工验收报告》,出承包人、发包人及项目相关组织签署意见,并进行签名、加盖单位公章。

由于各地工程竣工验收具有不同的专业特点和工程类别,故其具有不同的验收报告格式。

2. 工程竣工验收管理

①国务院建设行政主管部门监督管理全国工程竣工验收。

②县级以上地方人民政府建设行政主管部门监督管理所在行政区域内的工程竣工验收,并委托工程质量监督机构实施监督。

③建设单位组织工程竣工验收。

④工程竣工验收的具体监督范围包括工程竣工验收的组织形式、验收程序、执行验收标准等,若存在不符合建设工程项目质量管理规定的情况,应令其进行整改。工程竣工验收的监督情况是工程质量监督报告的重要内容。

7.2　竣工决算

7.2.1　竣工决算的概念与作用

1. 竣工决算的概念

竣工决算综合了建成项目从筹建之初到投入使用全过程的建设费用、建设成果以及财务状况的总结性文件,是组成竣工验收报告的重要内容。进行竣工决算,既可以准确反映建设工程的实际造价和投资结果,便于业主掌握工程投资金额;又可以将其与概算、预算进行对比,进而考核投资管理的效果,从中吸取经验教训,积累技术经济方面的基础资料,为以后提高工程项目的投资效益打下基础。因此,竣工结算能够反映建设工程的经济效益,便于项目负责人核定各类资产的价值、办理建设项目的交付使用。

2. 竣工决算的作用

竣工决算对建设单位具有重要作用,具体表现在以下几个方面:

①竣工结算利用货币指标、实物数量、建设工期和各种技术经济指标,全面地反映工程项目自建设初期到竣工的全部建设成果以及财务状况。

②竣工决算是办理交付使用资产的依据,也是组成竣工验收报告的重要内容。在承包人与业主办理交付资产验收的交接手续时,可以从竣工决算掌握交付资产的全部价值。

③通过竣工结算来审查设计概算的执行效果,考核投资控制的效益。

7.2.2 竣工决算的内容

工程建设项目的竣工决算包括从筹建到竣工全过程的实际投入金额,具体为建筑安装工程费、设备工器具购置费、预备费及其他费用等,如图 7-2 所示。

1. 竣工财务决算说明书

竣工财务决算说明书可反映竣工项目的建设成果,能够对竣工决算报表进行补充说明,能用于考核分析工程投资与造价,具体内容主要有如下几项:

①建设项目概况。

②资金来源及使用等财务分析。

③基本建设收入、投资包干结余、竣工结余资金的上交分配情况。

④各项经济技术指标的分析。

⑤工程建设的经验及项目管理和财务管理工作以及竣工财务决算中有待解决的问题。

⑥需要说明的其他事项。

2. 竣工财务决算报表

根据财政部印发的有关规定和通知,建设项目竣工财务决算报表应根据大、中型建设项目和小型项目分别制定。大中型建设项目是指经营性项目投资额在 5000 万元以上,非经营性项目投资额在 3000 万元以上的建设项目,在上述标准之下的为小型项目。报表结构如图 7-3 所示。

竣工决算的内容
├─ 竣工财务决算说明书
│ ├─ 建设项目概况,对工程总的评价(一般从进度、质量、安全和造价进行分析说明)
│ ├─ 资金来源及运用等财务分析(包括工程价款结算、会计账务处理、财产物资情况及债权债务的清偿情况)
│ ├─ 基本建设收入、投资包干结余、竣工结余资金的上交分配情况
│ ├─ 各项经济技术指标的分析
│ ├─ 工程建设的经验及项目管理和财务管理工作以及竣工财务决算中有待解决的问题
│ └─ 需要说明的其他事项
├─ 竣工财务决算报表
│ ├─ 大、中型建设项目
│ │ ├─ 建设项目竣工财务决算审批表
│ │ ├─ 大、中型建设项目概况表
│ │ ├─ 大、中型建设项目竣工财务决算表
│ │ ├─ 大、中型建设项目交付使用资产总表
│ │ └─ 建设项目交付使用资产明细表
│ └─ 小型建设项目
│   ├─ 建设项目竣工财务决算审批表
│   ├─ 竣工财务决算总表
│   └─ 建设项目交付使用资产明细表
├─ 建设项目竣工图:真实记录各种地上、地下建筑物、构筑物等情况的技术文件,是工程进行交工验收、维护改建、扩建的依据,是国家的重要技术档案
└─ 工程造价比较分析:用决算实际数据的相关资料、概算、预算指标、实际工程造价进行对比,分析主要实物工程量,材料消耗量,建设单位管理费、措施费、间接费的取费标准和节约超支情况及原因

图 7-2　竣工决算内容

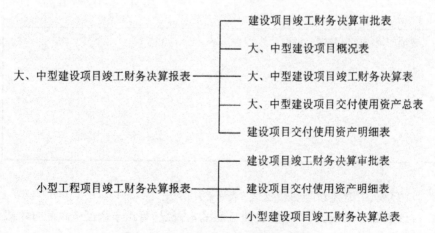

大、中型建设项目竣工财务决算报表
├─ 建设项目竣工财务决算审批表
├─ 大、中型建设项目概况表
├─ 大、中型建设项目竣工财务决算表
├─ 大、中型建设项目交付使用资产总表
└─ 建设项目交付使用资产明细表

小型工程项目竣工财务决算报表
├─ 建设项目竣工财务决算审批表
├─ 建设项目交付使用资产明细表
└─ 小型建设项目竣工财务决算总表

图 7-3　竣工财务决算报表结构图

(1)建设项目竣工财务决算审批表(表 7-1)

该表是用于竣工决算时上报有关部门的建设项目竣工财务决算审批表,适用于大、中、小型项目,具体格式是按大、中型及小型工程项目的审批要求进行设计的。对于地方级项目,有权根据审批要求进行合理修改。

表 7-1　建设项目竣工财务决算审批表

建设项目法人(建设单位)		建设性质	
建设项目名称		主管部门	
开户银行意见: （盖章） 年　　月　　日			
专员办审批意见: （盖章） 年　　月　　日			
主管部门或地方财政部门审批意见: （盖章） 年　　月　　日			

(2)大、中型建设项目概况表(表 7-2)

该表综合反映大、中型建设项目的基本概况,可用于全面考核和分析投资效益。

表 7-2　大、中型建设项目概况表

建设项目(单项工程)名称		建设地址					项目	概算	实际	主要指标
主要设计单位		主要施工企业					建筑安装工程			
占地面积	计划	实际	总投资/万元	设计		实际		设备、工具器具		
				固定资产	流动资产	固定资产	流动资产	待摊投资其中:建设单位管理费		
新增生产能力	能力(效益)名称		设计	实际			基建支出	其他投资		
								待核销基建支出		
建设起、止时间	设计	从　年　月开工至　年　月竣工						非经营项目转出投资		
	实际	从　年　月开工至　年　月竣工						合计		
设计概算批准文号								名称	单位	概算	实际
完成主要工程量	建筑面积/m²		设备(台、套、t)				主要材料消耗	钢材	t	
								木材	m³	
	设计	实际	设计		实际			水泥	t	
收尾工程	工程内容		投资额		完成时间		主要技术经济指标			

(3)大、中型建设项目竣工财务决算表(表 7-3)

应在编制项目竣工年度财务决算的基础上,依据项目竣工年度财务决算和历年的财务决算来编制大、中型建设项目竣工财务决算。表 7-3 体现了平衡表的特点,也就是说资金来源合计等于资金支出合计。

表 7-3　大、中型建设项目竣工财务决算表　　　　　单位:元

资金来源	金额	资金占用	金额	补充资料
一、基建拨款		一、基本建设支出		1.基建投资借款
1.预算拨款		1.交付使用资产		期末余额
2.基建基金拨款		2.在建工程		2.应收生产单位
3.进口设备转账拨款		3.待核销基建支出		投资借款期末余额
4.器材转账拨款		4.非经营项目转出投资		3.基建结余资金
5.煤代油专用基金拨款		二、应收生产单位投资借款		
6.自筹资金拨款		三、拨款所属投资借款		
7.其他拨款		四、器材		
二、项目资本金		其中:待处理器材损失		
1.国家资本		五、货币资金		
2.法人资本		六、预付及应收款		
3.个人资本		七、有价证券		
三、项目资本公积金		八、固定资产		
四、基建借款		九、固定资产原值		
五、上级拨入投资借款		十、减:累计折旧		
六、企业债券资金		十一、固定资产净值		
七、待冲基建支出		十二、固定资产清理		
八、应付款		十三、待处理固定资产损失		
九、未交款				
1.未交税金				
2.未交基建收入				
3.未交基建包干节余				
4.其他未交款				
十、上级拨入资金				
十一、留成收入				
合计		合计		

（4）大、中型建设项目交付使用资产总表（表7-4）

表7-4 主要体现了项目进行交付时固定资产、流动资产、无形资产和其他资产价值的情况，可用于进行财产交接、检查投资计划完成情况和分析投资效果。

表7-4　大、中型建设项目交付使用资产总表　　　　单位:元

单项工程项目名称	总计	固定资产					流动资产	无形资产	其他资产
		建筑工程	安装工程	设备	其他	合计			
1	2	3	4	5	6	7	8	9	10

支付单位盖章　　年　月　日　　接收单位盖章　　年　月　日

（5）建设项目交付使用资产明细表（表7-5）

表7-5 详细记录了交付使用的固定资产、流动资产、无形资产和其他资产及其价值。对于大、中、小型工程项目均应使用此表。

表7-5　建设项目交付使用资产明细表

单位工程项目名称	建筑工程			设备、工具、器具、家具					流动资产		无形资产		其他资产	
	结构	面积/m²	价值/元	规格型号	单位	数量	价值/元	设备安装费/元	名称	价值/元	名称	价值/元	名称	价值/元
合计														

支付单位盖章　　年　月　日　　接收单位盖章　　年　月　日

(6)小型建设项目竣工财务决算总表

对于小型建设项目来说,其涉及的内容较少,故通常将该工程的概况与财务情况编制为竣工财务决算总表,从而体现小型建设项目的工程和财务情况。

3. 建设工程竣工图

建设工程竣工图是用于记录各种建筑物和构筑物等情况的技术文件,是进行交工验收、维护、改建和扩建的依据,是技术档案中不可缺少的部分。该图的编制离不开建设、设计、施工单位和各主管部门的共同参与。根据国家的有关规定,对于各项新建、扩建、改建的基本建设工程,特别是基础、地下建筑、管线、结构、港口、水坝、桥梁、井巷以及设备安装等隐蔽部位,都应该绘制详细的竣工平面示意图。为了提供真实可靠的资料,在施工过程中应及时对这些隐蔽工程进行检查记录,整理好设计变更文件。不同工程建设项目的竣工图具有不同形式和深度,在编制时,应注意以下几点:

①对于按照原施工图竣工的建设工程,由承包人在原施工图上加盖"竣工图"标志,即为竣工图。

②在施工过程中,对原施工图进行了一般性设计变更,且不需要重新绘制施工图,仅需要在原施工图上进行修改补充来作为竣工图。具体来说,应由承包人在原施工图上注明修改的部分,并补充设计变更通知单和施工说明,加盖"竣工图"标志。

③在施工过程中,对结构形式、施工工艺、平面布置、项目等进行了调整,以及出现其他重大调整,不能对原施工图进行修改、补充,则需要绘制实际的竣工图。

④为了达到进行竣工验收和竣工决算的要求,还需绘制反映竣工工程整体情况的工程设计平面图。

⑤若重大的改建、扩建项目中存在原有工程项目变更,那么需要把涉及项目的竣工图进行统一归档,并在原图案卷内增补必要的说明一起归档。竣工图绘制主要过程如图7-4所示。

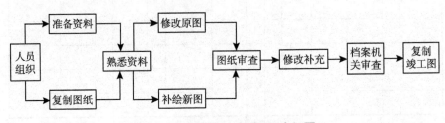

图7-4 竣工图绘制主要过程图

7.2.3　竣工决算的编制

1. 竣工决算的编制依据

①经批准的可行性研究报告及投资估算。
②招投标标底价格、承包合同、工程结算资料。
③设计交底或图纸会审纪要。
④施工记录、施工签证单及其他施工费用记录。
⑤竣工图及竣工验收资料。
⑥历年基建资料、历年财务决算及批复文件。
⑦设备、材料调价文件及记录。
⑧有关财务制度及其他相关资料。

2. 竣工决算的编制程序

根据财政部有关的通知要求,竣工决算编制的一般程序如图 7-5 所示。

图 7-5　建设项目竣工决算编制程序

(1)收集、整理和分析原始资料

在编制竣工决算文件前,应收集、整理出相关的技术资料、经济文件、施工图纸和变更资料等,并分析所有资料的准确性。

(2)清理各项财务、债务和结余物资

在进行上一步骤的同时,应注意收集建设项目从开始筹建到竣工投产过程中全部费用的各项账务、债权和债务,使工程结束后账目清晰明了:既要审核账目,又要清点结余物资的数量,使账与物相等、账与账相符;逐项清点核实结余的材料和设备,按规定进行妥善处理。全面清理各种款项,有利于保证竣工决算的准确性。

核实工程建设项目中的单位工程及单项工程造价,将竣工资料与原设计图进行核实,若有需要可进行实地测量,进一步确认实际变更情况;在承包人提交的竣工结算的基础上,对原概算、预算进行适当地调整,重新核定工程造价。

(3)填写竣工决算报表

按照建设工程决算表格中的内容,根据编制依据中的有关资料进行统计或计算各个项目和数量,并将结果填到相应表格的栏目内,完成所有报表的填写。

(4)编制建设项目竣工决算说明书

按照建设项目竣工决算说明的内容要求,根据编制依据材料填写在报表中的结果,编写文字说明。

(5)上报主管部门审查

审核以上步骤中的文字说明和表格,若确定无误后将其装订成册,即编制成了建设工程竣工决算文件。由建设单位负责组织人员编写竣工决算文件,且需在竣工建设项目办理验收使用一个月之内完成。将该文件提交给主管部门进行审查,财务成本部分需由开户银行签证。除此以外,还需抄送给相关设计单位。尤其是对于大、中型建设项目来说,还应将竣工决算文件抄送给财政部、中国建设银行总行和省、市、自治区的财政局和中国建设银行分行。

7.2.4　新增资产价值的确定

1. 新增资产价值的分类

当建设项目投入生产后,其建设过程中投入的金额会形成一定的资产。根据新的财务制度和企业会计准则,可将新增资产价值分为以下几类:

(1)固定资产

固定资产是指使用超过一年的房屋、建筑物、机器、机械、运输工具以及其他与生产经营活动有关的设备、工器具等,不属于生产经营主要设备,但单位价值在 2000 元以上且使用年限超过两年的也应作为固定资产。新增固定资产价值的计算是以独立发挥生产能力的单项工程为对象,其内容包括工程费(建筑安装工程费、设备购置费)、形成固定资产的工程建设其他费、预备费和建设期利息。

(2)流动资产

流动资产指的是在一年或超过一年的营业周期内变现或运用的资产,具体包括货币性资金、应收及预付款项、短期投资、存货等。

（3）无形资产

在财政部和国家知识产权局的指导下，中国资产评估协会于2008年制定了《资产评估准则——无形资产》，自2009年7月1日起施行。根据上述准则规定，无形资产指的是受特定主体控制，不以实物形式存在，且可以为生产经营带来经济利益的资产。具体包括生产许可证、特许经营权、商标权、版权、专利权、非专利技术等。

（4）其他资产

其他资产是指不能全部计入当期损益，应当在以后年度分期摊销的各项费用。其他资产内容包括生产准备费及开办费、图纸资料翻译复制费、样品样机购置费和农业开荒费、以租赁方式租入的固定资产改良工程支出等。

2. 新增资产价值的确定方法

（1）新增固定资产价值

新增固定资产价值是指投资项目竣工投产后所增加的固定资产价值，即交付使用的固定资产价值，是以价值形态表示建设项目的固定资产最终成果的综合性指标。新增固定资产价值的计算是以独立发挥生产能力的单项工程为对象。

1）新增固定资产价值的构成

新增固定资产价值具体包括如下内容：

①已投入生产或交付使用的建筑安装工程价值，主要包括建筑工程费、安装工程费。

②达到固定资产标准的设备、工器具的购置费用。

③预备费，主要包括基本预备费和价差预备费。

④增加固定资产价值的其他费用，主要包括建设单位管理费、研究试验费、勘察设计费、工程监理费、联合试运转费、引进技术和进口设备的其他费用等。

⑤新增固定资产建设期间的融资费用，主要包括建设期利息和其他相关融资费用。

2）新增固定资产价值的计算

确定新增固定资产价值应按照如下原则：对于一次交付生产的单项工程，计算新增固定资产价值时应一次完成；对于分期分批交付生产的单项工程，计算新增固定资产价值时应分批进行。

在计算时，应注意以下几种情况。

①对于为了提高产品质量、改善劳动条件、节约材料消耗、保护环境而建设的附属辅助工程，只要全部建成，正式验收交付使用后就要计入新增固

定资产价值。

②对于单项工程中不构成生产系统,但能独立发挥效益的非生产性项目,如住宅、食堂、医务所、托儿所、生活服务网点等,在建成并交付使用后,也要计算新增固定资产价值。

③凡购置达到固定资产标准不需安装的设备、工器具,应在交付使用后计人新增固定资产价值。

④属于新增固定资产价值的其他投资,应随同受益工程交付使用的同时一并计入。

⑤交付使用财产的成本应按下列内容计算。

房屋、建筑物、管道、线路等固定资产的成本包括:建筑工程成果和待分摊的待摊投资;

动力设备和生产设备等固定资产的成本包括:需要安装设备的采购成本,安装工程成本,设备基础、支柱等建筑工程成本或砌筑锅炉及各种特殊炉的建筑工程成本,应分摊的待摊投资。

运输设备及其他不需要安装的设备、工具、器具、家具等固定资产一般仅计算采购成本,不计分摊的待摊投资。

⑥共同费用的分摊方法。新增固定资产的其他费用,如果是属于整个建设项目或两个以上单项工程的,在计算新增固定资产价值时,应在各单项工程中按比例分摊。一般情况下,建设单位管理费按建筑工程、安装工程、需安装设备价值总额等比例分摊,而土地征用费、地质勘察和建筑工程设计费等费用则按建筑工程造价比例分摊,生产工艺流程系统设计费按安装工程造价比例分摊。

例 7-1 某工业建设项目及其总装车间的建筑工程费、安装工程费、需安装设备费及应摊入费用如表 7-6 所示,试计算总装车间新增固定资产价值。

表 7-6 分摊费用计算表　　　　　　　　　　单位:万元

项目名称	建筑工程	安装工程	需安装设备	建设单位管理费	土地征用费	建筑设计费	工艺设计费
建设单位竣工决算	5 000	1 000	1 200	105	120	60	40
总装车间竣工决算	1 000	500	600				

解：

计算如下：

$$应分摊的建设单位管理费 = \frac{1\,000+500+600}{5\,000+1\,000+1\,200} \times 105 = 30.625(万元)$$

$$应分摊的土地征用费 = \frac{1\,000}{5\,000} \times 120 = 24(万元)$$

$$应分摊的建筑设计费 = \frac{1\,000}{5\,000} \times 60 = 12(万元)$$

$$应分摊的工艺设计费 = \frac{500}{1\,000} \times 40 = 20(万元)$$

总装车间新增固定资产价值＝$1\,000+500+600+30.625+24+12+20$
$＝2\,100+86.625=2\,186.625(万元)$

3）新增固定资产价值的作用

①能够如实反映企业固定资产价值的增减情况，确保核算的统一性、准确性。

②反映一定范围内固定资产的规模与生产速度。

③核算企业固定资产占用金额的主要参考指标。

④正确计提固定资产折旧的重要依据。

⑤分析国民经济各部门技术构成、资本有机构成变化的重要资料。

（2）新增流动资产价值的确定

①货币性资金。

具体包括现金、银行存款以及其他类型的货币资金。现金为企业的库存现金，企业内部各部门用于周转的备用金也属于此范畴；银行存款为企业在不同类型银行的存款；其余的为其他类型的货币资金。对于此类流动资产应按照实际入账进行价值核算。

②应收及预付款项。

应收款项指的是企业因向购货单位销售商品、向受益单位提供劳务而需要收取的款项；预付款项指的是企业依据购货合同需要预付给供货单位的购货订金或贷款。对于此类流动资产应根据企业销售商品或提供劳务的成交金额进行价值核算。

③短期投资。

具体包括股票、债券、基金。股票和债券根据是否可以上市流通分别采用市场法和收益法进行价值核算。

④存货。

存货指的是企业的库存材料、在产品以及产成品等。应依据取得存货的实际成本进行价值核算。对于外购存货，其实际成本具体包括买价、运输费、装卸费、保险费、途中合理损耗、入库前加工、整理及挑选费用以及缴纳的税金等；对于自制存货，其实际成本为生产过程中的全部支出总和。

(3)新增无形资产价值的确定

在财政部和国家知识产权局的指导下，中国资产评估协会于 2008 年制定了《资产评估准则——无形资产》，自 2009 年 7 月 1 日起施行。根据上述准则规定，无形资产是指特定主体所拥有或者控制的，不具有实物形态，能持续发挥作用且能带来经济利益的资源。我国作为评估对象的无形资产通常包括专利权、专有技术、商标权、著作权、销售网络、客户关系、供应关系、人力资源、商业特许权、合同权益、土地使用权、矿业权、水域使用权、森林权益、商誉等。

进行无形资产的价值核算时，应遵循以下原则：

①若投资方以资本金或合作条件的形式投入无形资产时，应采用评估确认或合同约定的金额进行核算。

②对于购置的无形资产，应依据具体支付的金额进行核算。

③由企业自行开发取得的无形资产，应依据开发过程中全部支出进行核算。

④对于企业接收捐赠获得的无形资产，应依据发票账单上的金额或同类物性资产的市场价进行核算。

⑤进行无形资产的价值核算时，需在其有效期内分期摊销，也就是说，企业为其支出的费用应在无形资产的有效期内得到补偿。

无形资产的计价包括以下几种方法：

①专利权的计价。由于专利权是具有独占性并能带来超额利润的生产要素，因此，专利权转让价格不按成本估价，而是按照其所能带来的超额收益计价。

②专有技术（又称非专利技术）的计价。专有技术具有使用价值和价值，使用价值是专有技术本身应具有的；专有技术的价值在于专有技术的使用所能产生的超额获利能力，应在研究分析其直接和间接获利能力的基础上，准确计算出其价值。

③商标权的计价。如果商标权是自创的，一般不作为无形资产人账，而将商标设计、制作、注册、广告宣传等发生的费用直接作为销售费用计人当期损益。只有当企业购人或转让商标时，才需要对商标权计价。商标权的计价一般根据被许可方新增的收益确定。

④土地使用权的计价。根据取得土地使用权的方式不同，土地使用权可有以下几种计价方式：a. 当建设单位向土地管理部门申请土地使用权并

为之支付一笔出让金时,土地使用权作为无形资产核算;b. 当建设单位获得土地使用权是通过行政划拨的方式,这时土地使用权就不能作为无形资产核算,在将土地使用权有偿转让、出租、抵押、作价入股和投资,按规定补交土地出让价款时,才作为无形资产核算。

(4)新增其他资产价值的确定

①开办费的计价。

开办费指的是筹建期间产生的费用,具体包括办公费、培训费、注册登记费、人员工资等未计入固定资产的费用以及不计入固定资产和无形资产购建成本的汇兑损益、利息支出。依据企业最新的会计制度,应先将长期待摊费用中归集筹建期间的费用,从企业开始生产的下个月开始,按照不少于5 年的期限平均摊入管理费用中。

②固定资产大修理支出的计价。

是指企业已经支出,但摊销期限在 1 年以上的固定资产大修理支出,应当将发生的大修理费用在下一次大修理前平均摊销。

③以经营租赁方式租入的固定资产改良支出的计价。

是指企业已经支出,但摊销期限在 1 年以上的以经营租赁方式租入的固定资产改良支出,应当在租赁期限与租赁资产尚可使用年限两者较短的期限内平均摊销。

④特种物资、银行冻结存款和冻结物资、涉及诉讼的财产等。

计价主要以实际入账价值核算。

7.3　质量保证金的处理

7.3.1　建设工程质量保证金的概念与期限

1. 保证金的含义

建设工程质量保证金,简称保证金,指的是发包人与承包人经协商在合同中约定,从工程款中预留出,用于支付在规定的质量保修期内对于建设工程出现的缺陷所发生的维修、返工等各项费用。缺陷是指建设工程质量不符合工程建设强制标准、设计文件,以及承包合同的约定。

2. 缺陷责任期及其期限

缺陷责任期是指承包人对已交付使用的合同工程承担合同约定的缺陷修复责任的期限,其实质就是指预留质保金(保证金)的一个期限,具体可由发承包双方在合同中约定。

缺陷责任期从工程通过竣(交)工验收之日起计算。由于承包人原因导致工程无法按规定期限进行竣工验收的,期限责任期从实际通过竣(交)工验收之日起计算。由于发包人原因导致工程无法按规定期限竣(交)工验收的,在承包人提交竣(交)工验收报告90天后,工程自动进入缺陷责任期。

缺陷责任期为发、承包双方在工程质量保修书中约定的期限。但不能低于《建设工程质量管理条例》要求的最低保修期限。《建设工程质量管理条例》对建设工程在正常使用条件下的最低保修期限的要求为:

①地基基础工程和主体结构工程,为设计文件规定的该工程的合理使用年限;

②屋面防水工程、有防水要求的卫生间、房间和外墙面的防渗漏为五年;

③供热与供冷系统为2个采暖期和供热期;

④电气管线、给排水管道、设备安装和装修工程为二年;

⑤其他项目的保修期限由承发包双方在合同中规定。

建设工程的保修期,自竣工验收合格之日算起。

7.3.2　保证金预留比例及管理

1. 保证金预留比例

对于由政府参与投资的建设项目,保留金的预留比例应约占结算工程价款的5%。对于社会投资的工程项目,若在合同中约定了保证金的预留方式及比例,则据此执行。

2. 保证金预留

发包人应按照合同约定的质量保证金比例从结算款中扣留质量保证金。全部或者部分使用政府投资的建设项目,按工程价款结算总额5%左右的比例预留保证金,社会投资项目采用预留保证金方式的,预留保证金的比例可以参照执行。发包人与承包人应该在合同中约定保证金的预留方式及预留比例,建设工程竣工结算后,发包人应按照合同约定及时向承包人支付工程结算价款并预留保证金。

3. 保证金管理

在质量保修期内，对于由国库集中支付的政府投资项目，应依据国库集中支付的具体规定管理保证金。而其他政府投资项目，其保证金可由财政部门或发包人管理。若发包人被撤销，那么保证金及交付使用资产则转移给使用单位，使用单位执行原发包人的职责。

对于采用预留保证金方式的社会投资项目，其保证金可由金融机构代为管理；对于采用工程质量保证担保、工程质量保险等其他方式的社会投资项目，发包人不得再预留保证金，并按照有关规定执行。

4. 质量保证金的使用

承包人未按照合同约定履行属于自身责任的工程缺陷修复义务的，发包人有权从质量保证金中扣留用于缺陷修复的各项支出。若经查验，工程缺陷属于发包人原因造成的，应由发包人承担查验和缺陷修复的费用。

5. 质量保证金的返还

超出合同规定的质量保修期后，发包人应在14天内把未使用的质量保证金返还给承包人。即便承包人收到了保证金，其仍具有进行一定质量保修的责任和义务。

参 考 文 献

[1]刘镇,刘昌斌.工程造价控制[M].北京:北京理工大学出版社,2016.

[2]马永军.工程造价控制[M].北京:机械工业出版社,2014.

[3]张凌云.工程造价控制[M].3版.北京:中国建筑工业出版社,2014.

[4]徐锡权,刘永坤,申淑荣.工程造价控制[M].北京:科学出版社,2016.

[5]斯庆.工程造价控制[M].2版.北京:北京大学出版社,2014.

[6]王忠诚,鹿雁慧,邱凤美.工程造价控制[M].北京:北京理工大学出版社,2014.

[7]刘霁,伍娇娇.建设工程造价控制[M].武汉:武汉大学出版社,2015.

[8]李颖.工程造价控制[M].武汉:武汉理工大学出版社,2009.

[9]刘钦.工程造价控制[M].北京:机械工业出版社,2009.

[10]胡新萍,王芳.工程造价控制与管理[M].北京:北京大学出版社,2018.

[11]玉小冰,左恒忠.建筑工程造价控制[M].南京:南京大学出版社,2012.

[12]陈立春,鹿雁慧,真金.工程造价控制与管理[M].北京:北京大学出版社,2009.

[13]赵富田,厉莎.工程造价控制与管理[M].郑州:黄河水利出版社,2010.

[14]关永冰,谷莹莹,方业傅.工程造价管理[M].北京:北京理工大学出版社,2013.

[15]王朝霞.建筑工程定额与计价[M].北京:中国电力出版社,2012.

[16]姜新春.工程造价控制与案例分析[M].大连:大连理工大学出版社,2013.

[17]常春光,尹凯.施工阶段工程造价动态控制研究[J].沈阳建筑大学学报(社会科学版),2014,16(01):60—65.

[18]韩兴旺.建筑工程造价预结算审核工作要点研究[J].工程经济,2015(04):38—42.

[19]韩玉海.论建设项目的工程造价控制[J].财经问题研究,2015(S1):63—66.

[20]魏勇.控制建筑工程造价的途径探索[J].河南建材,2018(04):153—154.

[21]陆华南.建设项目实施阶段工程造价管理研究[J].低碳世界,2018(08):1.

[22]刘永德.建筑工程造价的动态管理控制分析[J].建筑与预算,2016(01):5－8.

[23]朱文旭.建设工程项目造价控制的研究与应用[J].住宅与房地产,2016(03):115.

[24]朱元源.工程建设项目招投标阶段的造价控制分析[J].江西建材,2015(20):252－253.

[25]黎曦.工程项目造价控制中常见问题的探讨[J].江西建材,2018(01):196＋198.

[26]孔德祥.建筑工程项目控制造价的基本构成及控制标准[J].中国标准化,2016(15):101.

[27]何畔,边小涵.浅析建设项目在企业招投标阶段造价成本控制[J].知识经济,2018(08):107－109.

[28]杜立波.浅谈工程项目造价控制[J].河南建材,2016(03):63－64.

[29]胡旭.谈工程项目造价控制[J].山西建筑,2015,41(34):207－209.

[30]钟虹.建设工程项目造价动态控制研究[J].合作经济与科技,2017(14):118－119.

[31]师文华.浅析建筑工程项目造价的管理与控制[J].北方经贸,2015(10):215－216.

[32]陈婷婷,王宇.新型绿色建筑工程造价预算与成本控制分析[J].工程经济,2015(07):31－36.

[33]韩晓寅.建筑工程造价预算控制要点及其把握[J].工程经济,2015(01):13－17.

[34]李旭.建筑工程造价管理存在的问题及对策分析[J].信息化建设,2016(01):345＋348.

[35]缪丽琴.浅析建筑工程造价的动态管理与成本优化控制[J].江西建材,2015(16):267－268.

[36]李玉红.关于建筑工程造价预算控制要点及其对策分析[J].企业技术开发,2016,35(12):144－145.

[37]晁月霞.建筑工程造价管理存在的问题及对策分析[J].中小企业管理与科技(中旬刊),2014(01):33－34.

[38]周乐.我国建筑工程造价管理与控制存在的问题及对策探析[J].城市建筑,2013(08):151＋173.

[39]刘彦麟,刘勇.建筑工程造价管理现状及完善对策探讨[J].住宅与房地产,2016(15):78.

[40]李灿生.加强建筑工程造价预算控制与措施[J].江西建材,2015(04):

230+235.

[41]蒋长林.探讨建筑工程造价管理的现状及对策[J].物流工程与管理,2014,36(06):130—131.

[42]唐忠.建筑工程造价控制存在的问题及对策分析[J].中国高新技术企业,2015(01):191—192.

[43]焦文杨.建筑工程管理中的全过程造价控制[J].建材与装饰,2016(11):124—125.

[44]段晓娟.谈建筑工程造价超预算原因与控制策略[J].山西建筑,2016,42(08):233—234.

[45]冀丹芳.建筑工程造价影响因素分析及降低工程造价措施[J].黑龙江科技信息,2014(08):225.

[46]侯海英.分析建筑工程造价管理要点及优化策略[J].江西建材,2016(21):246+251.

[47]刘晓康.建筑工程造价有效控制措施分析[J].江西建材,2015(01):251.

[48]王慧琴.试述建筑工程造价有效控制的途径[J].江西建材,2016(14):253+256.

[49]朱华旭.现阶段建筑工程造价管理存在的问题与对策[J].财经问题研究,2016(S2):148—152.

[50]韦东霞.建筑工程造价的合理有效控制分析[J].建材与装饰,2016(06):211—212.

[51]唐浩,刘勇.建筑工程造价管理分析[J].科技视界,2016(03):117+192.